汽车运用与维修专业"十三五"规划教材

汽车保养与维护

主　编　巴福兴

副主编　郝继升　贺明书

主　审　孙明忱

西安电子科技大学出版社

内 容 简 介

　　本书是根据教育部颁发的中等职业学校《汽车运用与维修专业教学指导方案》,并参照相关行业岗位标准编写的中等职业学校汽车运用与维修专业用书。

　　全书包括汽车保养与维护基础知识、雪佛兰轿车定期保养与维护、车轮定位实训、车轮的保养与维护等内容,共 4 个项目 16 个任务。每个项目都设有学习任务和技能目标,有些项目后附有实训作业表或操作工单。

　　本书可作为中等职业学校汽车运用与维修专业教材,也可作为相关行业岗位培训教材和汽车维修人员的自学用书。

图书在版编目(CIP)数据

　　汽车保养与维护/巴福兴主编. —西安:
西安电子科技大学出版社,2017.9(2018.10 重印)
　　汽车运用与维修专业"十三五"规划教材
　　ISBN 978 - 7 - 5606 - 4701 - 2

　　Ⅰ.① 汽…　Ⅱ.① 巴…　Ⅲ.① 汽车—车辆保养—中等专业学校
　　② 汽车—车辆修理—中等专业学校—教材　Ⅳ.① U472

中国版本图书馆 CIP 数据核字(2017)第 226859 号

策　　划　高　樱
责任编辑　黄　菡　阎　彬
出版发行　西安电子科技大学出版社(西安市太白南路 2 号)
电　　话　(029)88242885　88201467　　邮　　编　710071
网　　址　www.xduph.com　　　　　电子邮箱　xdupfxb001@163.com
经　　销　新华书店
印刷单位　陕西天意印务有限责任公司
版　　次　2017 年 9 月第 1 版　2018 年 10 月第 2 次印刷
开　　本　787 毫米×960 毫米　1/16　印张　8
字　　数　155 千字
印　　数　1001~4000 册
定　　价　19.00 元
ISBN 978 - 7 - 5606 - 4701 - 2/U
XDUP　4993001 - 2

＊＊＊如有印装问题可调换＊＊＊

序言

　　职业学校教材是体现职业教育人才培养目标、教学内容和教学方法的载体，是职业学校教师进行教学的基本工具，也是全面推进素质教育、培养创新创业人才的重要保证。《国务院关于加快发展现代职业教育的决定》指出："推进专业设置、专业课程内容与职业标准相衔接，推进中等和高等职业教育培养目标、专业设置、教学过程等方面的衔接，形成对接紧密、特色鲜明、动态调整的职业教育课程体系。全面实施素质教育，科学合理设置课程，将职业道德、人文素养教育贯穿培养全过程。"职业学校必须积极推进课程和教材改革，开发和编写反映新知识、新技术、新工艺，具有职业教育特色的课程和教材，才能适应市场和社会的需要。开发校本教材也是职业学校深化教育教学改革，形成学校品牌特色的重要措施。职业学校要切实提高人才培养质量，就必须有符合学校办学特点和学生实际的校本教材。不同职业学校在发展方向、专业设置、实训设施、教师队伍、文化氛围等方面都各有特点，不同职业学校开发的校本教材必然融入了学校独有的特色。同时，校本教材的开发也有利于学校教育教学改革与创新，有利于学校特色的形成与发展。

　　职业学校校本教材的开发可以提高教师对教材和教学方法的理解与驾驭能力。开发校本教材要求教师具有一定水平的专业知识和技能，不仅会教书，还要会编书，有利于提升教师的课程意识，促进教师的专业发展。在校本教材的开发和编写过程中，教师要认真总结自己的专业教学经验，深刻反思自己在教学中的优劣得失，从而使自身的专业知识、专业能力和职业精神不断得到提升。为了更好地开展校本课程建设，提高校本教材开发质量，职业学校教师应该在两个方面不断提升自己。第一，努力提高教育理论修养，提高专业素质，从较高层次上把握教育教学的理论和实践问题，以课题研究为依托开发课程教材。只有以先进的理论为指导，开发的教学成果才会有长久的生命力。第二，要在教育教学实践中发现问题、研究问题、解决问题。总结自己教育教学实践活动的经验和教训，发现规律，上升到理论，得出有价值的成果，形成教材，更好地指导教育教学实践。

　　职业学校校本教材的开发要坚持"面向市场、服务发展、促进就业"的理念，以职业能力培养为本位，以强化职业实践为主线，合理整合专业课程，以优化教学改革为突破口，强化职业技能的培养，增强教材的实用性和适应性，实现人才培养目标与社会对人才需求的对接。校本教材的开发要贯彻"以人为本"的原则，以促进学生全面发展为目的，将职业精神与职业技能培养相融合，职业道德和职业技能培养并重，着眼于学生的全面发展和终身发展，强化就业创业能力培养，使我们的学生不仅学会"做事"，实现就业目标，更要学会"做人"。

凤城市职业教育中心坚持走内涵发展道路，不断创建品牌专业，始终坚持"以服务为宗旨、就业为导向、技能为核心、育人为保障、专业有特色、个人有专长"的办学理念，以"关爱学生，学会过硬本领，使每个学生成才；关爱教师，提高职业素养，使每位教师成功"为办学思想，以培养学生具有"高尚的职业道德、精湛的专业技能、自立的就业能力、自强的创业精神"为目标，以"特色立校、质量强校、品牌壮校、科研兴校"为战略方针，形成了独有的办学特色。自2014年被确定为辽宁省首批中等职业学校教育改革发展示范建设学校以来，凤城市职业教育中心不断强化骨干专业建设，其中，学前教育专业形成了以理论素养为根本、以技能训练为主线、园校合作、全程实践的人才培养模式；汽车运用与维修专业和机械加工技术专业形成了学训交替、岗位对接、工学结合的人才培养模式。伴随着凤城市职业教育中心骨干专业的建设与成长，专业教师们也不断总结经验，编写出一系列校本教材。这一系列校本教材的可贵之处，在于紧密结合学校的教学实践，面向学生，面向岗位，极具针对性、实用性，是教师教学工作心血的凝练和提升。相信这一系列校本教材的出版将对推动基层职业学校教育教学改革起到积极作用。同时，也希望凤城市职业教育中心的广大教师从理论和实践两个方面继续进取，努力完成好为国家培养技术技能人才的任务。

辽宁教育研究院副院长　高鸿

辽宁省职业技术教育学会常务副会长

教材系列丛书编辑委员会

前言

　　本书是根据教育部中等职业学校"汽车运用与维修"专业教学标准，并参照相关行业岗位标准，结合凤城市职业教育中心"汽车运用与维修"专业教学计划和实际编写的专业教材。

　　"汽车保养与维护"是汽车运用与维修专业的核心课程，通过本课程的学习和训练，学生应该能正确使用汽车维修常用工量具和仪器设备，正确选用汽车保养与维护的耗材，掌握汽车保养与维护的作业规范、汽车修理职业的入门职业技能和相关基础知识。

　　本书旨在提高学生的理论水平和实际操作技能，满足学生职业生涯和适应维修岗位的需要，体现职业和职业教育发展趋势。

　　本书的特色主要有以下几点：

　　（1）为提高学生的理论联系实际能力，在每项工作任务之前都有知识链接，这也体现了理论指导实践的作用。

　　（2）按照工作过程设计学习活动。以典型服务为载体来设计项目、活动，组织教学，建立工作任务与知识、技能的联系，增强学生的直观体验，激发学生的学习兴趣。

　　（3）每个工作任务都设计有详细的专项训练，实训操作步骤详尽，配有实物插图，可操作性强。

　　（4）将"汽车定期保养与维护"作业项目引入教材，双人操作分工明确，对设计双人维护作业流程具有一定的参考作用。

　　（5）有些项目之后配有实训作业表或实训操作工单，因此本书也可以用作实训指导书。

　　本书使用建议如下：

　　（1）由具备较强动手能力的双师型教师任教。

　　（2）采用教师讲解示范，学生模仿练习，小组教学及理实一体化教学。

（3）理论与实践的时间比例为 1∶2，留有更多的时间让学生操作。

参加本书编写工作的有巴福兴、郝继升、贺明书。其中，巴福兴任主编，郝继升、贺明书任副主编。孙明忱担任本书主审。本书的编写得到了凤城市鑫一鑫名车维修保养会所孟庆一总经理、凤城市职业教育中心汽车实训中心实习指导教师魏新辉和信息处康晓东以及宽甸县职业教育中心孙维老师的大力支持，在此深表谢意。

由于编者学识和水平有限，本书难免存在不足之处，敬请广大专家、读者批评指正。

编　者

2017 年 4 月

目录

项目一　汽车保养与维护基础知识

【学习任务】

1. 了解汽车保养与维护的目的、类别、周期及作业内容。

2. 了解汽车保养与维护的耗材种类和牌号。

3. 掌握汽车保养与维护的常用工具的使用方法。

4. 了解汽车保养与维护的注意事项。

【技能目标】

1. 能对汽车进行日常、一级维护。

2. 能正确选用各类耗材。

3. 能正确使用常用工具。

任务一　汽车保养与维护概述

汽车维护是指为维持汽车完好的技术状况或工作能力而进行的作业，应贯彻"预防为主、定期检测、强制维护"的原则。作业内容包括清洁、检查、补给、润滑、紧固和调整，其中检查是维护作业的基础，其他的维护作业一般都要依靠检查作业的结果来进行。检查作业包括人工检视和仪器检测诊断两种方法。

汽车维护的目的在于保持车容整洁，及时发现和消除故障隐患，防止车辆早期损坏，其要求如下：

① 车辆处于良好的技术状况，随时可以出车。

② 在合理使用的条件下，不致因中途损坏而停车，以及因机件事故而影响行车安全。

③ 在运行过程中，降低燃、润料以及配件和轮胎的消耗。

④ 各部总成的技术状况尽量保持均衡，以延长汽车大修间隔里程。

⑤ 减少车辆噪声和排放污染物对环境的污染。

一、汽车保养与维护作业的类别

汽车维护分为日常维护、一级维护和二级维护。

1. 汽车日常维护

汽车日常维护以清洁、补给和安全检视为作业内容，主要包括：

（1）车身外部的检查。

① 检查、清洁驾驶室内外各镜面与各风挡玻璃；

② 检查整车外观、油漆和腐蚀情况；

③ 检查、调整轮胎状况和车轮固定螺栓紧固状况；

④ 检查、调整刮水器刮水片状况；

⑤ 检查全车各部液体泄漏情况；

⑥ 检查、润滑车门和发动机罩。

（2）车身内部的检查。

① 检查、调整灯光及信号状态；

② 检查提醒指示器和警告蜂鸣器的状态并实施必要的维修；

③ 检查、调整喇叭的状态；

④ 检查刮水器、风挡玻璃洗涤器状态；

⑤ 检查风挡玻璃除霜器工作状态；

⑥ 检查、调整后视镜及遮阳板；

⑦ 检查转向盘自由行程以及转向盘回转平顺情况；

⑧ 检查、调整前排座椅状态；

⑨ 检查、调整安全带技术状态；

⑩ 检查油门踏板的操作情况；

⑪ 检查离合器、制动器踏板的自由行程以及踩下、抬起的平顺情况；

⑫ 检查制动器的制动性能；

⑬ 检查驻车制动器的驻车性能；

⑭ 检查自动变速器停车挡的性能。

（3）发动机舱内的检查。

① 检查、补充发动机机油；

② 检查、补充发动机冷却液；

③ 检查、补充风挡玻璃清洗液量；

④ 检查并清除散热器的污物，紧固软管管箍，检查其老化状况；

⑤ 检查、调整蓄电池液面高度或检查免维护蓄电池密度计显示状况；

⑥ 检查、补充离合器及制动器液压储液罐液；

⑦ 检查、调整发动机驱动带张紧度，检查其是否有老化、断裂等损坏状况；

⑧ 检查、补充自动变速器液；

⑨ 检查、补充动力转向液；

⑩ 检查排气系统固定和其他变化情况。

2．汽车一级维护

汽车每行驶 2000～3000 km，必须进行一次一级维护。一级维护由专业维修人员负责实施，其作业内容除日常维护作业外，以清洁、润滑和紧固为重点，并检查有关部件。除了发动机和离合器总成、底盘及电气设备的一级维护外，一级维护还包括表 1－1 中所列的内容。

表 1－1 汽车一级维护项目表

序号	项 目	作业内容	技术要求
1	点火系	检查、调整	工作正常
2	发动机空气滤清器、空压机空气滤清器、曲轴箱通风系、机油滤清器和燃油滤清器	清洁或更换	各滤芯应清洁无破损，上下衬垫无残缺，密封良好；滤清器应清洁，安装牢固
3	发动机机油面、冷却液液面、制动液液面高度	检查	符合规定
4	曲轴箱通风装置、三元催化转换器	外观检查	齐全、无损坏
5	散热器、油底壳、发动机前后支垫、水泵、空压机、进排气歧管、化油器、输油泵、喷油泵连接螺栓	检查、校紧	各连接部位螺栓、螺母应紧固，锁销、垫圈及胶垫应完好有效
6	空压机、发电机、空调压缩机皮带	检查皮带磨损、老化程度，调整皮带松紧度	符合规定
7	转向器	检查转向器液面及密封状况，检查润滑万向节十字轴、横直拉杆、球头销、转向节等部位	符合规定
8	离合器	检查、调整离合器	操纵机构应灵敏可靠，踏板自由行程应符合规定
9	变速器、差速器	检查变速器、差速器液面及密封状况，检查润滑传动轴、万向节十字轴、中间轴承，校紧各部连接螺栓，清洁各通气塞	符合规定

续表

序号	项　目	作业内容	技术要求
10	制动系	检查、紧固各制动管路，检查、调整制动踏板自由行程	制动管路接头应不漏气，支架螺栓紧固可靠。制动联动机构应灵敏可靠，储气筒无积水，制动踏板自由行程符合规定
11	车架、车身及各附件	检查、紧固	各部螺栓及拖钩、挂钩应紧固可靠，无裂损，无窜动，齐全有效
12	轮胎	检查轮辋及压条挡圈；检查轮胎气压（包括备胎），并视情况补气；检查轮毂轴承间隙	轮辋及压条挡圈应无裂损、变形；轮胎气压应符合规定，气门嘴帽齐全；车轮轴承间隙无明显松旷
13	悬架机构	检查	无损坏、连接可靠
14	蓄电池	检查	电解液液面高度应符合规定，通气孔畅通，电桩夹头清洁、牢固
15	灯光、仪表、信号装置	检查	齐全有效，安装牢固
16	全车润滑点	润滑	各润滑安装正确，齐全有效
17	全车	检查	全车不漏油、不漏水、不漏气、不漏电、不漏尘，各种防尘罩齐全有效

注：技术要求栏中的"符合规定"指符合实际使用中的有关规定。

3. 汽车二级维护

二级维护是对行驶一定里程的机动车辆进行的以检查、调整为中心的保养作业。保养范围，除一级维护作业外，以检查、调整转向节、转向摇臂、制动蹄片、悬架等经过一定时间的使用容易磨损或变形的安全部件为主，并拆检轮胎，进行轮胎换位，检查调整发动机工作状况和排气污染控制装置等。其目的在于维护车辆各零部件、机构和总成具有良好的工作性能，确保其在两次二级保养之间的正常运行，由维修企业负责执行车辆的维护作业。

二、汽车维护的周期

汽车维护的周期是指进行同级维护的间隔期，一般以车辆行驶里程为依据。车辆的首保时间是行驶了 3000～4000 km，一般不要超过 5000 km。因为新车在磨合期，机油里肯定存在大量铁屑之类的杂质，及时更换机油，也是对发动机的一种有效保护。首保过后，保养周期一般为行驶了 5000～8000 km 或者 6 个月，如果行驶环境恶劣，则保养周期可以适当缩短。

任务二　　汽车保养与维护的耗材

一、燃油

1. 汽油

1）汽油的牌号

目前我国无铅汽油按辛烷值可分为 90 号、93 号、97 号和 98 号共四个牌号。其中 90 号、93 号是国家标准，97 号、98 号是企业标准。2011 年 12 月，北京质监局发布《车用汽油》和《车用柴油》两项地方标准的征求意见稿，将汽油牌号由"90 号、93 号、97 号"修改为"89 号、92 号、95 号"。国 Ⅴ 车用汽、柴油标准计划从 2012 年 5 月开始执行。牌号改变的原因是因为降低了硫的含量，汽油的冶炼工艺就要进行调整，因此牌号也就有了相应变化。

辛烷值的高低是汽油发动机对抗爆震能力高低的指标。应该用 97 号汽油的发动机，如果用 90 号汽油，就容易产生爆震。

2）汽油的选用原则

（1）根据发动机的压缩比选用。压缩比为 8.5～9.5 的中档轿车一般应使用 93 号汽油；压缩比大于 9.5 的轿车应使用 97 号汽油。国产轿车的压缩比一般都在 9 以上，最好使用 93 号或 97 号汽油。如果选用低牌号的汽油，发动机工作时容易产生爆震，对发动机的危害很大。

（2）根据车辆使用说明书的要求选用。

（3）在海拔 1000 米以上的高原地区，可以使用比说明书上规定的小一个牌号的汽油，这不会影响发动机的正常工作。

3）使用汽油的注意事项

（1）尽量使用高标准的清洁汽油。

（2）当换用汽油牌号时，发动机的点火提前角要做相应的调整。如果由高牌号汽油换用低牌号汽油，应适当推迟点火提前角；反之，应适当提前点火提前角。

（3）不同牌号或不同用途的汽油不能掺兑使用。

（4）当燃油报警灯亮时，应及时加油。因为油箱底部含有较多的水分和杂质，尤其对电喷汽油机影响较大，会降低电动汽油泵、喷油器的使用寿命，也容易造成油路堵塞。

2．柴油

1）柴油的牌号

柴油分为轻柴油（沸点范围约 180～370 ℃）和重柴油（沸点范围约 350～410 ℃）两大类。柴油使用性能中最重要的是着火性和流动性，其技术指标分别为十六烷值和凝点。我国柴油现行规格中要求含硫量控制在 0.5％～1.5％。

柴油按凝点分级，轻柴油有 5、0、－10、－20、－35、－50 共六个牌号，重柴油有 10、20、30 共三个牌号。柴油机汽车一般选用 0、－10、－20、－35、－50 共五个牌号。

2）柴油的选用原则

选用柴油的依据是使用时的温度。温度在 4℃ 以上时选用 $0^\#$ 柴油；温度在 4～－5℃ 时选用 $-10^\#$ 柴油；温度在 －5～－14℃ 时选用 $-20^\#$ 柴油；温度在 －14～－29℃ 时选用 $-35^\#$ 柴油；选用柴油的牌号如果高于上述温度，发动机中的燃油系统就可能结蜡、堵塞油路，影响发动机的正常工作。

3）使用柴油的注意事项

（1）保持柴油的清洁。在使用油桶加注柴油之前，要经过充分沉淀，沉淀时间最好在 3 天以上。

（2）不同标号的柴油可以混用。不同标号的柴油可掺兑使用，并可根据气温情况适当调配。但应注意掺兑后的凝点不是两种标号柴油的平均值，要比两者平均值稍高一些。例如 $-10^\#$ 和 $-20^\#$ 柴油各 50％ 对掺，掺兑后所得柴油凝点不是 －15℃，而是高于 －15℃，约为 －14～－15℃。掺兑时应注意搅拌均匀。

（3）柴油中不能掺入汽油。柴油中若有汽油存在，燃烧性能将显著变差，导致启动困难，甚至不能启动。汽油进入气缸还会冲刷气缸润滑油膜，加速气缸的磨损。

（4）尽量选用好柴油。选用柴油时，应尽量选用优级品或一级品，以减少柴油的腐蚀性。

二、润滑剂

1．润滑油

1）润滑油的分类

目前市场上的润滑油因其基础油的不同可简分为矿物油及合成油两种（植物油因产量稀少故不计）。合成油中又分为全合成及半合成。全合成润滑油是最高等级的。

（1）润滑油的标号。润滑油的黏度多使用 SAE 等级标识，SAE 是英文"美国汽车工程师协会"的缩写。例如：SAE 15W/40、SAE 5W/40，"W"表示 winter（冬季），其前面的数字越小说明润滑油的低温流动性越好，表示可供使用的环境温度越低，在冷启动时对发动机的保护能力越好；"W"后面（斜杠后面）的数字则是润滑油耐高温性的指标，数值越大说明润滑油在高温下的保护性能越好。SAE 适用的环境温度如下：

5W 耐外部低温－30℃；

10W 耐外部低温－25℃；

15W 耐外部低温－20℃；

20W 耐外部低温－15℃；

30 耐外部高温 30℃；

40 耐外部高温 40℃；

50 耐外部高温 50℃；

这样看来，5W/40 润滑油的适用外部温度范围为－30～40℃；而 10W/30 润滑油适用外部温度范围是－25～30℃。

（2）润滑油的分级。参照国际通用的 API(美国石油学会)使用分类法，将发动机润滑油分为汽油机油系列（S 系列）和柴油机油系列（C 系列）两大类。汽油发动机用油规格有 SC、SD、SE、SF、SG、SH、SJ、SL、SM 几个等级。柴油发动机用油规格有 CC、CD、CD－2、CF、CF－4 五个等级。各类油品的级号越靠后，其使用性能越好。我国国家标准还规定了 SD/CC、SE/CC、SF/CD 三个等级的汽油机/柴油机通用油的使用等级。

2）使用润滑油的注意事项

（1）对于采用新型材料和新技术的中高档电喷汽油机应选用 SJ 级以上的润滑油。

（2）根据地区、季节和气温选用黏度等级，并尽量使用多级油，如表 1－2 所示。

表 1－2　常用发动机润滑油黏度等级与适用温度范围

黏度等级	适用温度范围/℃	黏度等级	适用温度范围/℃
5W/20	－30～20	20W/40	－15～40
5W/30	－30～30	10W	－5～15
10W/30	－25～30	20	5～25
10W/40	－25～40	30	15～35
15W/40	－20～40	40	20～40

（3）放油：应趁热放出旧油，同时更换机油滤清器。

（4）清洗：放净旧油后，加入新机油，数量相当于油面的 1/3，然后急速运转 3 分钟左右，将油放净。

（5）加油：加入新机油至规定的刻度。

（6）定期清洁或更换空气滤清器、燃油滤清器和 PCV 阀。

2. 润滑脂

NLGI(美国国家润滑脂协会)最新定义：润滑脂是将一种或几种稠化剂分散到一种(或几种)液体润滑油中形成的一种固体或半固体的产物。为了改善某些性能，加入一些其他组分(添加剂或填料)。

1) 润滑脂的组成及分类

润滑脂主要由稠化剂、基础油和添加剂三部分组成。一般润滑脂中稠化剂含量约为$10\%\sim20\%$，基础油含量约为$75\%\sim90\%$，添加剂及填料的含量在5%以下。

润滑脂按稠化剂可分为皂基脂和非皂基脂两类。皂基脂的稠化剂常用锂、钠、钙、铝、锌等金属皂，也用钾、钡、铅、锰等金属皂。非皂基脂的稠化剂用石墨、炭黑、石棉以及合成的聚脲基、膨润土等。润滑脂按用途可分为通用润滑脂和专用润滑脂两种，前者用于一般机械零件，后者用于拖拉机、铁道机车、船舶机械、石油钻井机械、阀门等。

2) 使用润滑脂的注意事项

(1) 加入量要适宜。加脂量过大，会使摩擦力矩增大，温度升高，耗脂量增大；而加脂量过少，则不能获得可靠润滑而发生干摩擦。一般来讲，适宜的加脂量为轴承内空腔的$1/3\sim1/2$。

(2) 禁止不同品牌的润滑脂混用。由于润滑脂所使用的稠化剂、基础油以及添加剂都有所区别，混合使用后会引起胶体结构的变化，使得分油增大，稠度变化，机械安定性等都要受影响。

(3) 注意换脂周期以及使用过程管理。注意定期加注和更换润滑脂，在加换新脂时，应将废润滑脂挤出，直到在排脂口见到新润滑脂时为止。加脂过程务必保持清洁，防止机械杂质、尘埃和砂粒的混入。

3. 齿轮油

1) 齿轮油的分类

齿轮油与发动机机油一样，通常按使用性能和黏度分类。

(1) 按使用性能分类。目前国际上广泛采用 API 使用分类法，它按齿轮承载能力和使用条件不同，分为 GL-1～GL-6 六个级别。GL-1～GL-3 的性能要求较低，用于一般负荷下的正、伞齿轮，以及变速箱和转向器等齿轮的润滑。GL-4 用于高速低扭矩和低速高扭矩条件下，汽车双曲线齿轮传动轴和手动变速箱的润滑。GL-6 的性能水平最高，用于运转条件苛刻的高冲击负荷的双曲线齿轮传动轴和手动变速箱的润滑。多数轿车适合选用中负荷车辆齿轮油 GL-4 级别。

(2) 按黏度分类。我国车辆齿轮油的黏度分类等级采用美国 SAE 黏度分类法，分为75W、80W、85W、90W、140W 和 250W 七个黏度牌号。其中，带 W 级号为冬季用油。另外，国家标准还规定有三个多级油的牌号，80W/90、85W/90 和 85W/140。

齿轮油的更换时间一般为 1 年 30 000 km。

例如，API GL-4 SAE 75W/90：GL-4 表示中负荷车辆齿轮油适合轿车选用，75W 表示适用的最低温度为-40℃，90 表示在高温（100℃）时，运动黏度不低于 13.5 厘泊。

2）齿轮油的选用与注意事项

（1）不要混淆机油和齿轮油的 SAE 分类标号。

（2）绝不能用普通齿轮油代替准双曲面齿轮油。必须根据齿轮传动的特点，选用性能合适的齿轮油。

（3）不要误认为高黏度齿轮油的润滑性能好。使用太高黏度标号的齿轮油，将会使燃料消耗显著增加，特别是对高速轿车影响更大，应尽可能使用合适的多级齿轮油。

（4）加油量应适当。

（5）合理使用齿轮油。齿轮油的使用寿命较长，如使用单级油，在换季维护时换用不同的黏度标号。放出的旧油如不到换油期限，可在再次换油时加车使用。旧油应妥善保管，严防水分、机械杂质和废油污染。

（6）适时换油。一般汽车每行驶 40 000～50 000 km，结合定期维护予以更换。如车辆经常处在苛刻的工况下运行，要缩短换油周期。换油时，应在车辆工作后，油温高时放出旧油，并将齿轮和齿轮箱清洗干净后，方可加入新油。加油时，应防止水分和杂质混入。

（7）齿轮油使用禁忌。在使用中，严禁向齿轮油中加入柴油等进行稀释，也不要因影响冬季起步而烘烤后桥、变速器，以免齿轮油严重变质。如果出现这种情况，应换用低黏度的多级齿轮油。

三、制动液

1. 制动液的分类

制动液按其组成和特性不同，一般可分为醇型、矿油型和合成型制动液三类。其中合成型制动液是目前广泛应用的主要品种。

我国汽车用制动液按照国家标准 GB 12981—2003《机动车辆制动液》进行分类。按机动车辆安全使用要求分为 HZY3、HZY4、HZY5 三种产品，它们分别对应国际通用产品 DOT3、DOT4、DOT5 或 DOT5.1。

2. 制动液的选用

（1）根据环境条件选用。环境条件主要是指气温、湿度和道路条件等。如在炎热的夏季、在山区多坡或高速公路上行驶的车辆，制动强度大，制动液工作温度高，特别是在湿热条件下，一般应选用 HZY3 或 HZY4 合成制动液。

（2）根据车辆速度性能选用。高速行驶的车辆或常在市区行驶的车辆，制动液工作温度较高，应使用级别较高的制动液。

3. 使用制动液的注意事项

（1）不同类型和不同品牌的制动液不要混合使用。

（2）制动液应密封存放，车辆上制动液储液盖应盖好，以防制动液吸收大气中的水分而影响制动效果。

（3）车辆正常行驶 40 000 km 或制动液连续使用超过 2 年，制动液很容易由于使用时间长而变质，要及时更换。

（4）车辆正常行驶中，若出现制动忽轻忽重的情况，要及时更换制动液，在更换之前先用新制动液将制动系统清洗干净。

（5）车辆制动出现跑偏时，要对制动系统进行全面检查。若发现分泵皮碗膨胀过大，就说明制动液质量可能存在问题。这时应选择质量比较好的制动液更换，同时更换皮碗。

四、防冻液

防冻液的全称叫防冻冷却液，意为具有防冻功能的冷却液。防冻液可以防止寒冷季节停车时冷却液结冰而胀裂散热器和冻坏发动机气缸体。目前，常用的防冻液品种有乙二醇型、酒精型和甘油型等。乙二醇型因其具有冰点低、沸点高、防腐性好而被广泛使用。

乙二醇型防冻液根据石化行业标准 SH0521—1992 的规定，按其冰点不同分为 −25、−30、−35、−40、−45 和 −50 六个牌号。

1. 选用防冻液的原则

根据当地冬季最低气温选用适当冰点牌号的防冻液。一般防冻液冰点应至少低于最低气温 5℃。注意，不同厂家、不同牌号、不同颜色的防冻液不能混合使用。

2. 使用防冻液的注意事项

（1）检查冷却系统不得有渗漏现象，然后再注入防冻液。

（2）因防冻液具有毒性，使用中应注意避免与人体接触，尤其不得弄入眼内。禁止采用嘴吸操作法；一旦沾到手上或身上其他地方，应及时用水清洗干净。

（3）更换防冻液必须在冷车时进行，应彻底放尽冷却系统中所有的残余防冻液，并用清洁软水清洁后加注至规定的液面。

（4）不同牌号、颜色的防冻液不能混装混用，以免发生化学反应，破坏各自的综合防腐能力，降低其沸点和冰点。

五、液力传动油

液力传动油又称自动变速器油（ATF）或自动传动油，用于由液力变矩器、液力耦合器和机械变速器构成的车辆自动变速器中作为工作介质，借助液体的动能起传递能量的作用。

美国材料试验学会(ASTM)和石油学会(API)的分类方案是将液力传动油分为PTF - 1、PTF - 2和PTF - 3三类,如表1 - 3所示。

表1 - 3　液力传动油的类型、规格及应用

分　类	符合的规格	应　用
PTF—1	通用汽车公司 GM Dexron 福特汽车公司 Ford M2C33—F 克莱斯勒 Chrysler MS—4228	轿车、轻型载货汽车自动传动油
PTF—2	通用汽车公司 TRUCK, COACH 阿里森 ALLISION C—2	履带车、农业用车、越野车的自动变速器
PTF—3	约翰·狄尔 JOHN DEERE J—20A 福特汽车公司 M2C41A 玛赛—福格森 MASSEY FERGUSON M—1135	农业与建筑野外机器用液力传动油

我国目前液力传动油尚无国家标准,现行标准为中国石化总公司的企业标准,分为6号和8号两种。其中6号液力传动油用于内燃机车或载货汽车的液力变矩器,8号液力传动油用于各种轿车、轻型客车的液力自动变速器,外观为红色透明体,适用于各种具有自动变速器的汽车,它的指标接近于PTF - 1级油。

液力传动油的选用与注意事项如下:

(1)必须严格按车辆使用说明书的规定,选用适合品种的液力传动油。若无说明书的车辆,轿车(进口轿车)、轻型货车应选用8号液力传动油;重型货车、工程机械的液力传动系统可选用6号液力传动油。

(2)注意保持油温正常,经常检查油面高度。

(3)按车辆使用说明书的规定更换液力传动油和滤清器(或清洗滤网),同时拆洗自动变速器油底壳,并更换其密封垫。通常每行驶10 000 km应检查油面,每行驶30 000 km应更换油液。

(4)传动油是一种专用油品,加有染色剂,系红色或蓝色透明液体,绝不能与其他油品混用,同牌号不同厂家生产的油也不宜混兑使用,以免造成油品变质。

任务三　汽车保养与维护常用工、量具

汽车保养与维护常用工具包括扳手、钳子、螺丝刀、千斤顶、活塞环拆装钳等电动及气动工具。

一、常用工具的使用

1. 扳手

扳手是汽车修理中最常用的一种工具，主要用于扭转螺栓、螺母或带有螺纹的零件。扳手种类繁多，常见的有梅花扳手、开口扳手、套筒扳手、活动扳手、扭力扳手等。在拆卸螺栓时，应按照"先套筒扳手、后梅花扳手、再开口扳手、最后活动扳手"的选用原则进行选取，如图 1-1 所示。

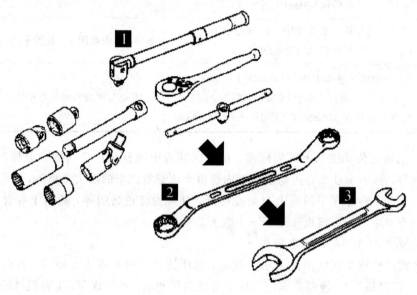

1—套筒扳手；2—梅花扳手；3—开口扳手

图 1-1　扳手的选用原则

在选用扳手时，要注意扳手的尺寸，尺寸是指它所能拧动的螺栓或螺母正对面间的距离。例如扳手上标识有 22 mm，即此扳手所能拧动螺栓或螺母棱角正对面间的距离为 22 mm。

现在常见的工具都有公制、英制两种尺寸单位。公制和英制之间的换算关系为：1 mm＝0.039 37 in。

这里主要介绍套筒扳手。

套筒扳手是拆卸螺栓最方便、灵活而且安全的工具。使用套筒扳手不易损坏螺母的棱角。

根据尺寸大小套筒头有大尺寸和小尺寸两种，如图 1-2 所示。大尺寸套筒头可以获得比小尺寸套筒头更大的扭矩。

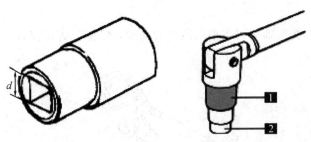

d—有1/2和1/8英寸两种　　　　　　1—套筒接合器；2—小尺寸套筒
（a）大尺寸套筒头　　　　　　　　　（b）小尺寸套筒头

图1-2　套筒头的尺寸

　　根据钳口形状分类，套筒有双六角形和六角形两种，如图1-3所示。六角部分与螺栓/螺母的表面有很大的接触面，这样就不容易损坏螺栓/螺母的表面。双六角形套筒各角之间只间隔30°，可以很方便地套住螺栓，适合于在狭窄的空间中拆卸螺栓。

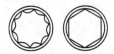

图1-3　套筒头钳口的两种形状

　　双六角型形套筒不能拆卸大扭矩或棱边已经磨损的螺栓，因为它与螺栓的接触面小，容易损坏螺栓的棱角或出现滑脱，产生安全事故。

　　（1）套筒接合器。

　　套筒接合器也叫套筒转换接头，是将现有的不同尺寸规格的手柄和套筒配合使用，例如10 mm系列的手柄接12.5 mm系列的套筒或者12.5 mm系列的手柄接10 mm系列的套筒等都需要转换接头。转换接头有两种，一种是"小"→"大"，另外一种是"大"→"小"，如图1-4所示。

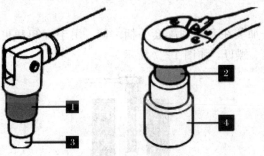

1—套筒接合器（大→小）；2—套筒接合器（小→大）；3—小尺寸套筒；4—大尺寸套筒
图1-4　套筒接合器的使用方法

（2）万向接头。

万向接头的方形套头部分可以前后或左右移动，配套手柄和套筒之间的角度可以自由变化，如图 1-5 所示。

万向节

图 1-5　万向接头结构

套筒扳手与配套手柄是垂直连接的，但车辆上很多地方套筒是无法伸入的，这时候万向接头将提供最大的方便，它可以提供比可弯式接头更大的变向空间，如图 1-6 所示。

图 1-6　万向接头的使用方法

（3）接杆。

接杆也称延长杆或加长杆，是套筒类成套工具不可缺少的一部分。日常汽车维修工作中，有 75 mm、125 mm、150 mm 和 250 mm 等不同长度的接杆供选用，即我们常说的长接杆和短接杆。

接杆的主要作用是加装在套筒和配套手柄之间，用于拆卸和更换装得很深，仅凭套筒和手柄无法接触的螺栓、螺母，如图 1-7 所示。

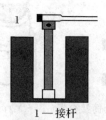

1—接杆

图 1-7　接杆的使用方法（一）

另外，在拆卸平面上的螺栓、螺母时，工具会紧贴在操作面上，妨碍正常拆卸，甚至会产生安全事故。接杆可将工具抬离平面一定高度，便于操作，如图1-8所示。

（a）不合理的操作　　　　　　　　　　　（b）接杆的作用

图1-8　接杆的使用方法（二）

有很多接杆经过改进后具有特殊功能，如转向接杆和锁定接杆等。所谓转向接杆，是指普通接杆与套筒连接的方榫部，经过改进再装上套筒后，会产生10°左右的偏角，因而使用非常方便。锁定接杆是指接杆具有套筒锁止功能，也就是说，在使用过程中再也不用为套筒或万向节接头的掉落而烦恼了。

（4）手柄。

① 滑杆也称滑动T形杆，是套筒专用配套手柄，横杆部可以滑动调节。通过滑动方榫部分，手柄可以有两种使用方法，如图1-9所示。方榫位置在一端，形成L形结构，从而增加力矩，达到拆卸或紧固螺栓的目的，与L形扳手类似。方榫部分在中部位置，形成T形结构，两只手同时用力，可以增加拆卸速度，但要求的工作空间较大。

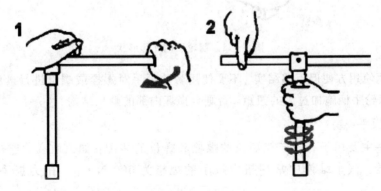

1—L形手柄；2—T形手柄

图1-9　滑杆型手柄的使用方法

② 旋转手柄也称摇头手柄或扳杆，可用于拆下或更换要求大扭矩的螺栓或螺母，也可在调整好手柄后进行迅速旋转，如图1-10所示。但该手柄很长，很难在狭窄空间中使用。

旋转手柄头部可以作铰式移动，这样可以根据作业空间要求调整手柄的角度进行使用。

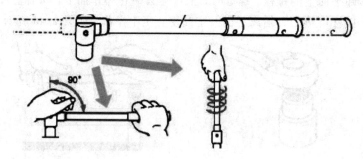

图 1-10　旋转手柄的使用方法

③ 棘轮手柄是最常见的套筒手柄，如图 1-11 所示。套筒手柄是装在套筒上用于扳动套筒的配套手柄，如果没有配套手柄，套筒将无法独立工作。

棘轮手柄头部设计有棘轮装置，在不脱离套筒和螺栓的情况下，可实现快速单方向的转动。通过调整锁紧机构可改变其旋转方向：将锁紧机构手柄调到左边，可以单向顺时针拧紧螺栓或螺母；将锁紧机构手柄调到右边，可以单向逆时针松开螺栓或螺母。

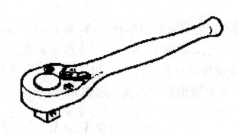

图 1-11　棘轮手柄外部形状

棘轮手柄使用方便但不够结实。不要使用棘轮扳手对螺栓或螺母进行最后的拧紧，另外，严禁对棘轮手柄施加过大的扭矩，否则会损坏内部的棘爪结构。

2. 扭力扳手

扭力扳手主要用于有规定扭矩值的螺栓和螺母的装配，如汽缸盖、连杆、曲轴主轴承等处的螺栓。汽车维修中常用扭力扳手的规格为 300 N·m。扭力扳手的结构如图 1-12所示。

常用的扭力扳手有指针式和预置力式两种。

指针式扭力扳手结构相对比较简单，其数值可通过刻度盘读出。使用指针式扭力扳手应注意：左手在握住扳手与套筒连接处时，不要碰到指针杆，否则会造成读数不准。

预置力式扭力扳手可通过旋转手柄，预先调整设定扭矩，达到设定扭矩时，该扳手会发出警告声以提示用户。当听到"咔哒"声响后，立即停止旋力以保证扭矩正确，当扳手设在较低扭力值时，警告声可能很小，所以应特别注意。

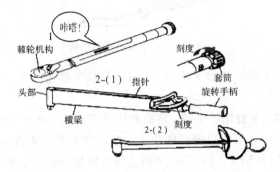

1—预置力式；2—(1)—指针式；2—(2)—指针式

图 1-12　扭力扳手的结构

3. 螺丝刀

螺丝刀俗称改锥、起子或螺钉旋具，主要用于旋拧小扭矩、头部开有凹槽的螺栓和螺钉。

螺丝刀的类型取决于本身的结构及尖部的形状，常用的有一字螺丝刀、十字螺丝刀。一字螺丝刀用于单个槽头的螺钉，十字螺丝刀用于带十字槽头的螺钉。螺丝刀的外形结构如图 1-13 所示。

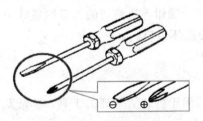

图 1-13　螺丝刀的外形结构

4. 钳子

在汽车维修中，常用的钳子类型有钢丝钳、鲤鱼钳、尖嘴钳、斜嘴钳、水泵钳、卡簧钳、大力钳、管钳等。

(1) 钢丝钳。

钢丝钳是最常见的一种钳子，它可以用来切断金属丝或夹持零件。

(2) 尖嘴钳。

尖嘴钳的外形结构如图 1-14 所示，钳口长而细，特别适合在狭窄空间里使用。

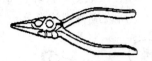

1-14　尖嘴钳的外形结构

严禁对尖嘴钳的钳头部施加过大的压力，这样会使尖嘴钳的钳口尖部扩张成 U 形。

（3）鲤鱼钳。

鲤鱼钳也称鱼嘴钳，主要用于夹持、弯曲和扭转工件。鲤鱼钳的手柄一般较长，可通过改变支点上槽孔的位置来调节钳口张开的程度。在用钳子夹持零件前，必须用防护布或其他防护罩遮盖易损坏件（如图 1-15 所示），防止锯齿状钳口对易损件造成伤害。

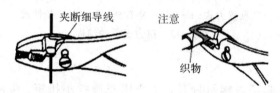

图 1-15　使用鲤鱼钳的注意事项

（4）斜口钳。

斜口钳也叫做剪钳，主要用于切割金属丝或导线。斜口钳的钳口有刃口，而且尖部为圆形，不具备夹持零件的作用，只能用于切割金属丝或导线。

斜口钳可以剪切钢丝钳和尖嘴钳不能剪切的细导线或线束中的导线。但是严禁用来切割硬的或粗的金属丝，这样会损坏刃口。

5. 活塞环拆装钳

1）用途

活塞环拆装钳是一种专门用于拆装活塞环的工具。维修发动机时，必须使用活塞环拆装钳拆装活塞环，如图 1-16 所示。

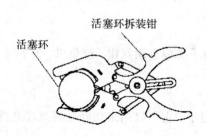

图 1-16　拆装活塞环

2）使用方法

使用活塞环拆装钳时，将拆装钳上的环卡住活塞环开口，握住手把稍稍均匀用力，使拆装钳手把慢慢地收缩，环卡将活塞环徐徐地张开，使活塞环能从活塞环槽中取出或装入。使用活塞环拆装钳拆装活塞环时，用力必须均匀，避免用力过猛而导致活塞环折断，同时能避免伤手事故。

6. 气门弹簧拆装架

气门弹簧拆装架是一种专门用于拆装顶置气门弹簧的工具，如图 1-17 所示。使用时，将拆装架托架抵住气门，压环对正气门弹簧座，然后压下手柄，使得气门弹簧被压缩。这时可取下气门弹簧锁销或锁片，慢慢地松抬手柄，即可取出气门弹簧座、气门弹簧和气门等。

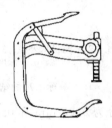

图 1-17　气门弹簧拆装架

7. 拉器

拉器是用于拆卸过盈配合安装在轴上的齿轮或轴承等零件的专用工具。常用拉器为手动式，在一杆式弓形叉上装有压力螺杆和拉爪。使用时，在轴端与压力螺杆之间垫一垫板，用拉器的拉爪拉住齿轮或轴承，然后拧紧压力螺杆，即可从轴上拉下齿轮等过盈配合安装零件，如图 1-18 所示。

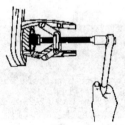

图 1-18　拉器的使用方法

二、常用量具的使用

1. 游标卡尺

游标卡尺是由刻度尺和卡尺制造而成的精密测量仪器，能够正确且简单地从事长度、外径、内径及深度的测量。其结构如图 1-19 所示。

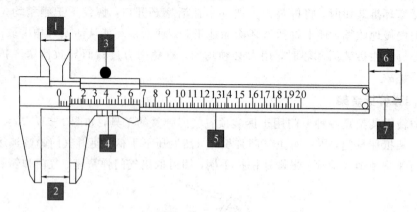

1—测量爪内径；2—测量爪外径；3—止动螺钉；
4—游标尺刻度；5—主尺刻度；6—深度测量；7—深度尺

图 1-19　游标卡尺的结构

游标卡尺根据最小刻度的不同分为 0.05 mm 和 0.02 mm 两种。若游标卡尺上有 50 个刻度，则每刻度表示 0.02 mm；若游标卡尺上有 20 个刻度，则每刻度表示 0.05 mm。在汽车维修工作中，使用最多的是 0.02 mm 精度的游标卡尺。

常用的游标卡尺的测量范围是 0～150 mm，应根据所测零部件的精度要求选用合适规格的游标卡尺。

如图 1-20 所示，读数时，首先读出游标零线左边与主刻度尺身相邻的第一条刻线的整毫米数，即测得尺寸的整数值，主尺上的读数为 45.00 mm。再读出游标尺上与主刻度尺刻度线对齐的那一条刻度线所表示的数值，即为测量值的小数，副尺上的读数为 0.25 mm。

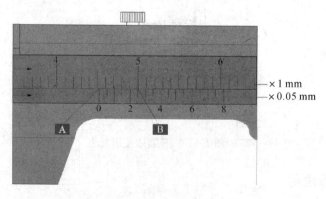

A—主尺上的读数；B—副尺上的读数

图 1-20　游标卡尺的读数

把从尺身上读得的整毫米数和从游标尺上读得的毫米小数加起来即为测得的实际尺寸，即 45+0.25=45.25 mm。

2. 外径千分尺

1）结构原理

千分尺也称为螺旋测微器，是精密的测量工具，其测量精度可达到 0.01 mm。

外径千分尺是用于测量外径宽度的千分尺，测量范围一般为 0~25 mm。根据所测零部件外径粗细，可选用测量范围为 0~25 mm、50~75 mm、75~100 mm 等多种规格的千分尺。

外径千分尺的构造如图 1-21 所示，主要由测砧、轴、锁销、测微螺杆、固定套筒、棘轮旋钮等部件组成。

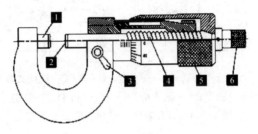

1—测砧；2—轴；3—锁销；4—测微螺杆；5—套筒；6—棘轮旋钮

图 1-21　外径千分尺的结构和组成

固定套筒上刻有刻度，测轴每转动一周即可沿轴方向前进或后退 0.5 mm。活动套管的外圆上刻有 50 等份的刻度，在读数时每等份为 0.01 mm。

2）外径千分尺的读数

套筒刻度可以精确到 0.5 mm(可以读至 0.5 mm)，由此以下的刻度则要根据套筒基准线和套管刻度的对齐线来读取读数。

如图 1-22 所示，套筒上"A"的读数为 55.50 mm，套管"B"上的 0.45 mm 的刻度线对齐基准线，因此读数是：55.50 mm+0.45 mm=55.95 mm。

为便于读取套筒上的读数，基准线的上下两方各刻有刻度。

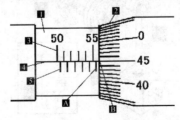

1—套筒；2—套管；3—1 mm 递增；4—套管上的基线；5—0.5 mm 递增

图 1-22　外径千分尺的读数

3. 百分表

百分表利用指针和刻度将心轴移动量放大来表示测量尺寸，主要用于测量工件的尺寸误差以及配合间隙，其测量精度为 0.01 mm。其结构如图 1-23 所示。

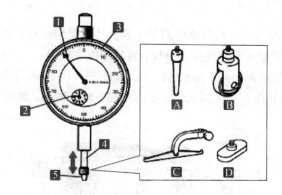

1—长指针；2—短指针；3—表盘；4—轴；5—悬挂式测量头；

A—长型；B—滚子型；C—杠杆型；D—平板型

图 1-23　百分表的外形和测量头的类型

1）百分表的读数

百分表表盘刻度分为 100 格，当量头每移动 0.01 mm 时，大指针偏转 1 格；当量头每移动 1.0 mm 时，大指针偏转 1 周。小指针偏转 1 格相当于 1 mm。

小提示：百分表的表盘是可以转动的。

2）百分表的使用

百分表要装设在支座上才能使用，在支座内部设有磁铁，旋转支座上的旋钮使表座吸附在工作台上，因而又称磁性表座，如图 1-24 所示。此外，百分表还可以和夹具、V 形槽、检测平板和顶心台合并使用，从事弯曲、振动及平面状态的测定或检查。

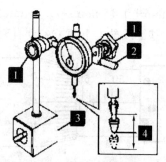

1—止动螺钉；2—臂；3—磁性支架；4—量程中心

图 1-24　百分表的使用方法

4. 量缸表

量缸表也叫内径百分表，是利用百分表制成的测量仪器，也是用于测量孔径的比较性测量工具。在汽车维修中，量缸表通常用于测量汽缸的磨损量及内径。

1）量缸表的结构

量缸表主要包括百分表、表杆、替换杆件和替换杆件紧固螺钉等。

2）量缸表的使用

（1）使用游标卡尺测量缸径后获得基本尺寸，如图1-25所示，利用这些长度作为选择合适杆件的参考。

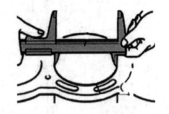

图1-25 使用卡尺获得缸径基本尺寸

（2）量缸表需要经过装配才能使用。首先根据所测缸径的基本尺寸选用合适的替换杆件和调整垫圈，使量杆长度比缸径长0.5～1.0 mm。替换杆件和垫圈都标有尺寸，根据缸径尺寸可任意组合。量缸表的杆件除垫片调整式，还有螺旋杆调整式。无论哪种类型，只要将杆件的总长度调整至比所测缸径长0.5～1.0 mm即可。

（3）将百分表插入表杆上部，预先压紧0.5～1.0 mm后固定。

（4）为了便于读数，百分表表盘方向应与接杆方向平行或垂直。

（5）将外径千分尺调至所测缸径尺寸，并将千分尺固定在专用固定夹上，对量缸表进行校零：当大表针逆时针转动到最大值时，旋转百分表表盘使表盘上的零刻度线与其对齐，如图1-26所示。

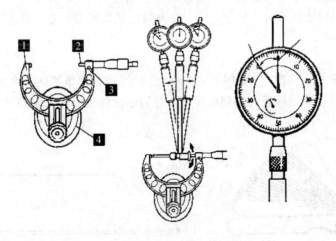

1—外径千分尺；2—轴；3—夹；4—支架

图1-26 量缸表的调校

3）缸径测量

（1）慢慢地将导向板端（活动端）倾斜，使其先进入汽缸内，而后再使替换杆件端进入。导向板的两个支脚要和汽缸壁紧密配合，如图1-27所示。

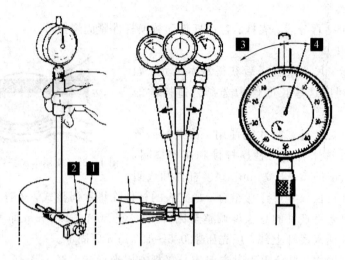

1—导板；2—探头；3—延长侧；4—收缩侧

图1-27　缸径的测量

（2）在测定位置维持导向板不动，而使替换杆件的前端做上下移动并观测指针的移动量，当量缸表的读数最小且量缸表和汽缸成真正直角时，再读取数据。

（3）读数最小即表针顺时针转至最大，在测量位置方面需参考维修手册。

六、厚薄规

厚薄规又称塞尺或间隙片，如图1-28所示。厚薄规是一组淬硬的钢条或刀片，这些淬硬钢条或刀片被研磨或滚压成为精确的厚度，它们通常都是成套供应的。

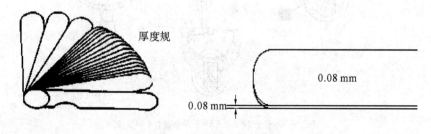

厚度规

0.08 mm

0.08 mm

图1-28　厚薄规及其规格

　　每条钢片标出了厚度(单位为 mm)，它们可以单独使用，也可以将两片或多片组合在一起使用，以便获得所要求的厚度，最薄的一片可以达到 0.02 mm。常用厚薄规长度有 50 mm、100 mm、200 mm。

　　厚薄规在汽车维修工作中主要用于测量气门间隙、触点间隙和一些接触面的平直度等，如图 1-29 所示。

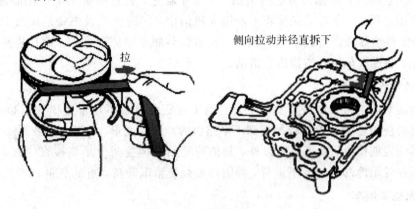

侧向拉动并径直拆下

拉

图 1-29　厚薄规的应用

　　使用厚薄规测量时，应根据间隙的大小，先用较薄片试插，逐步加厚，可以一片或数片重叠在一起插入间隙内，插入深度应在 20 mm 左右。例如，用 0.2 mm 的厚薄规片刚好能插入两工件的缝隙中，而 0.3 mm 的厚薄规片插不进，则说明两工件的结合间隙为 0.2 mm。

　　小提示：使用前必须将钢片擦净，还应尽量减少重叠使用的片数，因为片数重叠过多会增加误差。

任务四　汽车保养与维护注意事项及常见误区

一、保养与维护注意事项

1. 润滑油要买质量好的

　　汽车行驶 5000 km 基本上就需要更换润滑油了。作为汽车最重要的保护品之一，选用品质优良的润滑油可有效地保护发动机，减少磨损，使车辆具有更好的使用经济性。

2. 科学合理维修车辆

　　汽车保养周期是指汽车保养的间隔里程或时间。保养频率高不是什么坏事，能更有效地保障车辆的各项性能。用车初期主要是正常保养，费用相对较低。当车辆使用一定年限或行驶一定里程后会进入维修期，费用就相对高一些。

一般汽车状况良好的新车，可适当延长保养周期。而汽车状况较差或使用条件恶劣的，则应适当缩短保养周期。

3. 时常清洁滤清

要时常注意对汽车的滤清器进行清洁。不要小看它，它直接影响车辆耗油情况。在汽车发动机使用过程中，灰尘等杂质将不断混入机油中，同时空气及燃烧的废气对机油的氧化作用，会使机油逐渐产生胶质或者油泥，这不仅会加速零件的磨损，而且易造成油路堵塞。所以要定期对汽车的滤清器进行清洁。

4. 轮胎充气要适当

校正胎压是安全检查中最重要的一环。胎压过低会导致不正常磨损或轮胎内部损伤，胎压过高则会使得轮胎及轮圈较易受到不平路面的冲击而变形，甚至会导致爆胎。

胎压必须定期检查，除了备胎以外，其他的轮胎最少要两个星期检查一次，而胎压的检查必须是在轮胎冷却的情形下进行，否则高温会使胎压升高，测量不准。

5. 雨天也要刷车

雨天刷车不仅是因为车脏，更重要的是为了保护车漆。雨天刷车还是有必要的，这样便可以去除黏附在车漆表面上的尘土、柏油、树脂等，保持漆面光滑。

二、保养与维护常见误区

误区 1：一味追求高标油。

汽油标号只是标定汽油抗爆能力的参数，它与汽油是否清洁和是否省油没有必然的联系。并不是汽油标号越高越好，即使是高档车也不等于该加高标号汽油。加什么油要遵循说明书上的用油标准，使汽车发动机压缩比系数与汽油抗爆系数相适应，不能用价格衡量。

误区 2：长时间原地热车。

原地热车本来是件有利于汽车发动机的好事情，特别是冬季外界气温低，就更有必要对车辆进行热车。但有人认为"热车的时间越长，对发动机越好"，殊不知这样热车不但费油还毁发动机。还有些老司机上车后不管三七二十一抬离合给油就走，说是在行走中热车，但"行进间热车"也不是一件想当然的事情。

汽车引擎发动时的"热车"，是很有讲究的。汽车启动后不能马上行驶，因为刚启动的汽车怠速相当高，正确的做法是让车在自然怠速的情况下直至水温开始上升，怠速恢复到正常水平后再出发。

误区 3：一定要用进口轮胎。

有些人买轮胎特别喜欢强调"原装进口"这一点。殊不知一般的车平均使用三四年后才开始换轮胎，此时的所谓原装胎其实从款式和性能等方面已经落伍了。同一种款式的车很可能配不同厂家轮胎，谁又称得上正宗"原装进口"呢？其实，国外推出的新款轮胎对国内的用户来讲，价格过高不说，而且还不一定适用。

误区 4：各种油、液越多越好。

很多车主认为，发动机舱内的各种油、液最好多添加一些，以免在长时间用车时出现不够用的现象，因此时不时地添加玻璃水、防冻液以及机油等，这也成了有些车主的"日常工作"。然而多多益善并不是适用于任何地方的。在添加机油方面，最好按照保养手册中给出的标准数值来添加，因为机油过多会导致燃烧室积炭增加，发动机功率反而会降低；而玻璃水、防冻液以及制动液的添加，各储液罐上都有直观的刻度线，添加范围需维持在上下限刻度之间，不宜过多也不宜过少。

误区 5：汽车贴膜越贵越好。

目前的汽车贴膜业存在暴利，而且市场鱼龙混杂，有些贴膜前风挡就需要几千甚至上万元，其实车主们大可不必花费高价钱去贴膜，只要质量合格、品质有保障且是正规厂家生产的品牌贴膜，起到的效果都是差不多的。

误区 6：买了车之后舍不得开。

有的人虽然成为了有车族，但平时"不舍得"开，只有放假时才开车出去玩，其实这样的用车方式是很伤车的。发动机与变速箱等传动机件表面会因常处于与空气直接接触的状态而生锈，蓄电池也会因为长期的自然放电影响使用寿命。最好的方法是每隔几天就开一次车，时间为三四十分钟。另外，总是短途用车也会伤车，车随时在动但都开不远，是伤车的重要原因。

项目二 雪佛兰轿车定期保养与维护

【学习任务】

1. 了解雪佛兰轿车定期保养注意事项。

2. 掌握雪佛兰轿车定期保养与维护项目流程。

3. 掌握保养与维护工、量具的正确使用方法。

【技能目标】

1. 能按照正确的操作规程进行雪佛兰轿车定期保养与维护。

2. 能正确理解 6S 管理理念。

3. 能正确查阅汽车维修手册。

任务一 雪佛兰轿车定期保养与维护的准备、实施

一、实训目的

"雪佛兰轿车定期保养与维护"实训项目是汽车运用与维修专业的一门重要的实践课程，该门课程的实训目的：

1. 理解整理（SHIRI）、整顿（SEITON）、清扫（SEISO）、清洁（SEIKETSU）、素养（SHITSUKE）、安全（SAFE）6S 管理理念。

2. 掌握汽车保养与维护中的操作规范，养成良好的操作习惯。

3. 熟练使用汽车保养与维护常用工、量具，能正确查阅汽车维修手册。

4. 能进行雪佛兰轿车定期保养与维护，提高学生的实践操作能力，培养学生良好的职业素养，为日后踏入维修岗位奠定扎实的理论和实践基础。

本实训课程是在"雪佛兰轿车 40 000 km 维护"项目基础上制定的实训项目，包括 6 个举升工位作业项目，共计 145 项检查项目，内容有进行发动机舱内保养、车内的检查、车身的检查、行李舱的检查、底盘的检查等，均严格按照雪佛兰轿车维修手册标准进行操作。实训时间为 2 周。

二、实训所需的工/量具、配件辅料及设备(见表 2－1、表 2－2、表 2－3)

表 2－1　雪佛兰轿车定期保养与维护实训常用工、量具

序号	工/量具名称	型号/规格	数量	备注
1	世达 120 件组合工具	110120	4 套	
2	扭力扳手	5～25 N·m 10～100 N·m 40～340 N·m	各 4 套	
3	气动扳手	世达	4 套	
4	鲤鱼钳、尖嘴钳	世达	各 4 把	
5	锤子	世达	4 把	
6	气枪		4 把	
7	手电筒		4 个	
8	制动钳钩子	自制	4 个	
9	游标卡尺	0～150 mm	4 把	
10	外径千分尺	0～25 mm 25～50 mm	各 4 把	
11	百分表附磁力表座	0～5 mm	4 套	
12	胎压表		4 套	
13	轮胎花纹深度尺	机械式	4 把	
14	钢直尺	1000 mm	4 把	

表 2－2　雪佛兰定期保养与维护实训常用配件辅料

序号	配件辅料名称	型号规格	数量	备注
1	机油	5W－30 SL	6 桶	
2	机油滤清器	科鲁兹原厂	4 个	
3	空气滤清器		4 个	

序号	配件辅料名称	型号规格	数量	备注
4	空调滤芯		4个	
5	油底壳放油螺塞密封垫		4个	
6	润滑脂		1桶	
7	玻璃洗涤液		4桶	
8	肥皂水		4瓶	
9	翼子板布、前格栅布		4套	
10	三件套(方向盘套、座椅套、脚踏垫)		4套	循环使用
11	手套		若干	
12	抹布		40块	
13	毛刷		4把	
14	车轮挡块		8个	
15	举升垫块		8个	
16	接油盆		4个	
17	灭火器		4套	
18	垃圾箱		4个	
19	拖布		4把	
20	笤帚		4把	

表 2-3　雪佛兰定期保养与维护实训主要设备

序号	设备名称	型号规格	数量	备注
1	举升机(剪式)	3t	4台	
2	尾气抽排系统		4套	
3	废油抽油机		4台	

序号	设备名称	型号规格	数量	备注
4	系统化台车		4台	
5	轮胎托架		4台	
6	集中式供给系统	含电源、灯光、压缩空气	4套	
7	零件车		4辆	
8	工具车		4辆	

三、实训的教学方式及考核方法

1. 实训的教学方式

理实一体教学法、示范操作法、分组教学法、多媒体、虚拟仿真教学法。

2. 实训的考核方法及成绩评定

考核内容为雪佛兰轿车定期保养与维护实训所有项目；考核方法为两人配合操作，完成各自的保养维护项目。

实训成绩包括出勤、实训期间的表现、实训项目的完成情况、实训操作工单的填写、小组评价等几个方面。

四、实训注意事项

1. 安全注意事项

（1）注意人身和设备的安全，特别是注意在车底下操作时的人身安全。

（2）未经许可，不准扳动设备和电源按钮开关。

（3）注意防火。

（4）认真接受实训前的安全知识教育。

2. 操作注意事项

（1）注意工、量具和设备的正确使用。

（2）举升机的操作必须在实训指导教师的指导下进行。

（3）严格按保养维护技术规程、操作工艺要求进行作业。

（4）需调整的部位，应按技术数据或技术规程进行调整。

（5）主要螺栓的拧紧顺序，有规定力矩要求的，必须用扭力扳手拧紧。

（6）保持实训场地的清洁整齐。

五、雪佛兰轿车定期保养与维护实训的6个举升位置(表2-4)

表2-4 雪佛兰轿车定期保养与维护实训举升位置说明

编号	1	2	3
举升位置	低位	高位	中位
主要作业内容	维护前的准备	发动机油(排放)	拆卸、检查车轮
	发动机舱内各总成、系统的检查	传动系统、转向系统的检查	车轮制动器的检查
	灯光系统的检查	悬架系统的检查	车轮轴承的检查
	车内各总成、系统的检查	管路系统的检查	
	行李箱和备胎的检查	底盘螺栓的检查、紧固	
	车身外部的检查		
编号	4	5	6
举升位置	低位	高位	低位
主要作业内容	紧固车轮	发动机机油泄漏检查	发动机机油液位检查
	更换机油滤清器、空气滤清器及加注发动机油	制动液泄漏检查	冷却液液位检查
	检查电动车窗、电动后视镜、蓄电池充电电压	冷却液泄漏检查	工具设备整理归位
			防护用品整理归位
			车身内外清洁

任务二 维护作业车辆举升位置 1

一、雪佛兰轿车维护前的准备

目标：

1. 正确叙述车辆维护前准备工作的必要性；

2. 在车辆维护前，做好正确的防护工作。

实训步骤：

1. 工量具、仪器设备检查（图 2-1）。

图 2-1 工量具、仪器设备检查

☞ 重点检查工量具数量、摆放，仪器性能情况。

2. 安装尾气排放管（图 2-2）。

图 2-2 安装尾气排放管

☞ 安装牢固可靠，不能漏气。

3. 安装车轮挡块(图 2-3)。

图 2-3　安装车轮挡块

☞ 车轮挡块要安装在两后轮处,挡块外缘与轮胎平齐。

4. 安装三件套(图 2-4)。

图 2-4　安装三件套

☞ 座椅套、方向盘套、地板垫安放可靠。

5. 降下所有车门上的玻璃(图 2-5)。

图 2-5　降下所有车门上的玻璃

☞ 玻璃降到底位。

6. 拉起发动机舱盖释放杆(图 2-6)。

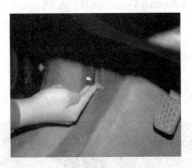

图 2-6 拉起发动机舱盖释放杆

7. 拉紧驻车制动杆,将换挡杆置于空挡位置(图 2-7)。

图 2-7 拉紧驻车制动杆,将换挡杆置于空挡位置

8. 安装翼子板布、前格栅布(图 2-8)。

图 2-8 安装翼子板布、前格栅布

☞ 位置正确,安放牢靠。

二、雪佛兰轿车发动机舱内各总成、系统的检查。

目标：

能够正确、全面进行发动机舱内各总成、系统的检查。

实训步骤：

1. 检查冷却液液位及渗漏情况（图 2-9）。

图 2-9　检查冷却液液位及渗漏情况

☞ 目测储液罐，液位位于上、下标线之间。

☞ 须戴手套检查渗漏。

☞ 水管、接头要明确区分，检查齐全到位。

2. 检查制动液液位及渗漏情况（图 2-10）。

2-10　检查制动液液位及渗漏情况

☞ 目测储液罐，液位应位于上、下标线之间。

☞ 目测储液罐上制动管及接头，无油渍且正常。

3. 检查发动机机油液位(图 2-11)。

图 2-11 检查发动机机油液位

☞ 先拔出机油尺,清洁尺身然后再插入。

☞ 拔出机油尺后放在抹布上倾斜 45°观察。

☞ 液位冷车不低于下标线,热车不高于上标线。

☞ 拔出机油尺时,机油不要滴在发动机上。

4. 检查玻璃喷洗器液位(图 2-12)。

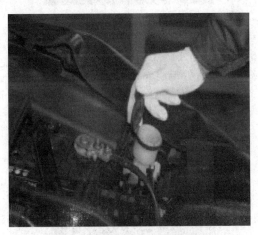

图 2-12 检查玻璃喷洗器液位

☞ 打开喷洗器壶盖,目测液位。

5. 检查转向助力液液位及渗漏情况(图 2-13)。

图 2-13　检查转向助力液液位及渗漏情况

☞ 打开转向助力液壶盖，目测油尺，液位应在上、下标线之间。

6. 检查燃油管路(图 2-14)。

图 2-14　检查燃油管路

☞ 目测，检查发动机舱内所有外露燃油管路，要细致、齐全。

☞ 手摸，管路无扭结、腐蚀、泄漏，安装牢固，接头无泄漏。

7. 检查传动带(图 2-15)。

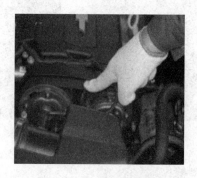

图 2-15　检查传动带

☞ 目测检查，传动带无变形、腐蚀、裂纹、脱层等损坏。

☞ 用张紧力器检查传动带张力。

8. 检查蓄电池(图 2-16)。

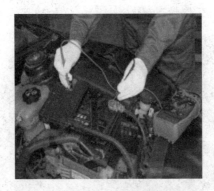

图 2-16　检查蓄电池

☞ 目测、手摸，检查蓄电池安装、端子、导线连接情况。

☞ 目测通气孔有无堵塞情况。

☞ 用万用表测量蓄电池静止电动势。

三、检查雪佛兰轿车灯光系统

目标：

能够正确进行车内、外灯光系统的检查。

实训步骤：

1. 检查组合仪表警告灯(图 2-17)。

图 2-17　检查组合仪表警告灯

☞ 目视检查。

☞ AIRBAG、ABS、充电指示灯和防盗指示灯等点亮后熄灭为正常。

☞ 机油压力报警灯、发动机故障指示灯点亮，启动发动机后熄灭为正常。

2. 检查仪表板照明灯的工作情况（图 2-18）。

图 2-18　检查仪表板照明灯的工作情况

☞ 扳动灯光开关位于一挡，目测点亮情况。

3. 检查前示位灯及指示灯的工作情况（图 2-19）。

图 2-19　检查前示位灯及指示灯的工作情况

☞ 需要两人配合，须启动发动机。

☞ 一人在车内操作灯光开关位于一挡，同时检查指示灯点亮情况。

☞ 一人在车外指挥并检查车灯点亮情况。

4. 检查近光灯的工作情况(图 2-20)。

图 2-20　检查近光灯的工作情况

☞ 需要两人配合，须启动发动机。

☞ 一人在车内操作灯光开关位于二挡，转换到近光灯位置，同时检查指示灯点亮情况。

☞ 一人在车外指挥并检查车灯点亮情况。

5. 检查远光灯的工作情况(图 2-21)。

图 2-21　检查远光灯的工作情况

☞ 需要两人配合，须启动发动机。

☞ 一人在车内操作灯光开关位于二挡，转换到远光灯位置，同时检查指示灯点亮情况。

☞ 一人在车外指挥并检查车灯点亮情况。

6. 检查闪光开关的工作情况（图2-22）。

图2-22　检查闪光开关的工作情况

☞ 向内操作转向开关，检查远、近光变换情况。

7. 检查左前转向指示灯的工作情况（图2-23）。

图2-23　检查左前转向指示灯的工作情况

☞ 需要两人配合，须启动发动机。

☞ 一人在车内操作转向灯开关，同时检查指示灯点亮情况。

☞ 一人在车外指挥并检查车灯点亮情况。

8. 检查右前转向指示灯的工作情况（图2-24）。

图2-24　检查右前转向指示灯的工作情况

☞ 需要两人配合，须启动发动机。

☞ 一人在车内操作转向灯开关，同时检查指示灯点亮情况。

☞ 一人在车外指挥并检查车灯点亮情况。

9. 检查危险警报灯的工作情况（图 2-25）。

图 2-25　检查危险警报灯的工作情况

☞ 需要两人配合，须启动发动机。

☞ 一人在车内操作危险警报灯开关，同时检查指示灯点亮情况。

☞ 一人在车外指挥并检查车灯点亮情况。

10. 检查后示位灯的工作情况。

☞ 同前示位灯的检查。

11. 检查左后转向指示灯的工作情况。

☞ 同左前转向指示灯的检查。

12. 检查右后转向指示灯的工作情况。

☞ 同右前转向指示灯的检查。

13. 检查后危险警报灯的工作情况。

☞ 同前危险警报灯的检查。

14. 检查牌照灯的工作情况（图 2-26）。

图 2-26　检查牌照灯的工作情况

☞ 需要两人配合，须启动发动机。

☞ 一人在车内操作灯光开关位于一档，同时检查指示灯点亮情况。

☞ 一人在车外指挥并检查车灯点亮情况。

15. 检查制动灯的工作情况（图 2-27）。

图 2-27　检查制动灯的工作情况

☞ 需要两人配合，须启动发动机。

☞ 一人在车内踩踏制动踏板。

☞ 一人在车外指挥并检查车灯点亮情况。

16. 检查倒车灯的工作情况（图 2-28）。

图 2-28　检查倒车灯的工作情况

☞ 需要两人配合，考虑安全情况发动机须熄火。

☞ 一人在车内操作换挡杆至倒挡，手动挡须提起倒挡锁。

☞ 一人在车外指挥并检查车灯点亮。

17. 检查转向开关自动返回功能。

☞ 将转向开关拨至左、右位置，转动方向盘能自动回位。

18. 检查顶灯工作情况(图 2-29)。

图 2-29 检查顶灯工作情况

☞ 检查完毕将开关置于"DOOR"挡。

四、检查车内各总成、系统的工作情况

目标:

能够正确进行车内各总成、系统的检查。

实训步骤:

1. 检查前挡风玻璃喷洗器(图 2-30)。

图 2-30 检查前挡风玻璃喷洗器

☞ 启动发动机。

☞ 打开开关,检查喷射角度和压力,应在刮片范围内。

☞ 目视刮水器联动情况。

2. 检查电动刮水器(图 2-31)。

图 2-31　检查电动刮水器

☞ 启动发动机检查。

☞ 操作开关,确认在各挡位(点动、低速、高速、间歇挡)的工作情况良好。

☞ 目视刮片刮拭效果应无水痕。

3. 检查喇叭(图 2-32)。

图 2-32　检查喇叭

☞ 启动发动机检查。

☞ 转动方向盘,同时按动喇叭按钮,听音质。

4. 检查驻车制动器(图 2-33)。

图 2-33　检查驻车制动器

☞ 检查时，要求拉动驻车制动拉杆行程小于 2/3～3/4 总行程。

☞ 在驻车制动拉杆拉到第 1 个棘轮锁止位置时，驻车制动指示灯点亮。

☞ 释放驻车制动拉杆，指示灯应熄灭。

5. 检查方向盘(图 2-34)。

图 2-34　检查方向盘

☞ 手握方向盘上下、前后、左右晃动，应无松弛和摆动。

☞ 摆正方向盘，用钢直尺测量自由行程。

☞ 将点火开关置于"ACC"挡，方向盘应锁住。

6. 检查制动器(图 2-35)。

图 2-35　检查制动器

☞ 用脚踩动制动踏板，应无异常噪声和松旷。

☞ 用钢直尺测量自由行程，应为 1～6 mm。

7. 检查制动助力器（图 2 - 36）。

图 2 - 36　检查制动助力器

☞ 发动机启动运转 1 min 后熄火，以紧急制动方式 5 s 的间隔踩制动踏板，踏板应一次比一次高。

☞ 发动机运转时踩下制动踏板几次，并在最低位置保持不动将发动机熄火，在 30 s 内制动踏板高度应保持不变。

☞ 发动机熄火，踩下制动踏板在最低位置不动，此时启动发动机，制动踏板应稍有下沉。

五、检查行李箱和备胎

目标：

能够正确、全面进行行李箱和备胎的检查。

实训步骤：

1. 打开行李箱门，检查门锁、行李箱灯及行李箱门（图 2 - 37）。

图 2 - 37　检查行李箱

☞ 用遥控器打开行李箱门。

☞ 目视行李箱灯点亮。

☞ 晃动检查行李箱门铰链连接应牢固，无松旷。

2. 检查随车工具、取出备胎(图 2 - 38)。

图 2 - 38　检查随车工具、取出备胎

☞ 随车工具在备胎上面。

☞ 旋开随车工具架固定螺母,取出备胎。

3. 检查备胎有无裂纹、损坏和异常磨损;检查备胎钢圈有无腐蚀或损坏(图 2 - 39)。

图 2 - 39　检查备胎

☞ 在轮胎检查架上转动轮胎,目视检查。

4. 测量备胎沟槽深度、检查备胎气压(图 2 - 40)。

图 2 - 40　测量备胎气压

☞ 用轮胎沟槽深度尺测量并观察磨损标记。

☞ 用气压表测量备胎气压符合标准值。

5. 检查备胎是否漏气，放回备胎、放回随车工具。

☞ 用肥皂水检查气门嘴及周围、两侧胎唇无漏气。

☞ 备胎、随车工具安放可靠(图 2-41)。

图 2-41　备胎、随车工具安放可靠

六、检查车身

目标：

能够正确、全面进行车门、安全带、车灯、悬架的检查。

实训步骤：

1. 检查车门(图 2-42)。

图 2-42　检查车门

☞ 正确规范开门。

☞ 用手晃动车门，检查铰链应无松旷。

☞ 打开、关闭车门，门控灯应点亮、熄灭。

2.检查安全带(图2-43)。

图 2-43　检查安全带

☞ 拉动目测,应无撕裂、磨损。

☞ 打开点火开关,快速拉动安全带,检查惯性开关情况。

☞ 扣上安全带锁扣检查锁止情况。

3.检查车灯总成(图2-44)。

图 2-44　检查车灯总成

☞ 用手推拉检查安装状况。

☞ 目视,灯罩和反光板无褪色。

4.检查油箱盖(图2-45)。

图 2-45　检查油箱盖

☞ 目视检查油箱门安装,无变形、损坏。

☞ 晃动检查固定、锁止状况。

5. 检查车身的倾斜度(图 2-46)。

图 2-46　检查车身的倾斜度

☞ 人站在距离车 1 m 处左右,目视检查。

6. 检查减振器阻尼状态(图 2-47)。

图 2-47　检查减振器阻尼状态

☞ 正对减振器上方,上下压动车身,至少按压 3 次,感觉缓冲力。

7. 安放举升垫块(图 2-48)。

图 2-48　安放举升垫块

☞ 垫块放在底盘凸筋位置,外端不能接触车身侧壁,安放位置可靠。

8. 打开机油加注口盖(图 2-49)。

图 2-49 打开机油加注口盖

☞ 机油加注口处放置干净抹布,防止灰尘落入。

任务三 维护作业车辆举升位置 2

一、排放发动机油

目标:

1. 能进行发动机油泄漏检查。

2. 正确、规范排放发动机油。

实训步骤:

1. 检查发动机各部位的配合表面是否漏油(图 2-50)。

图 2-50 检查发动机各部位的配合表面

☞ 按照正确的规程操作举升机升起车辆到合适位置。

☞ 目测,油底壳、前端、发动机两侧等。

☞ 用手电筒照明。

2. 检查发动机各油封是否漏油(图2-51)。

图2-51　检查油封

☞ 目测,前后油封、油底油封。

3. 检查机油排放塞是否漏油。

☞ 目测,放油螺塞(图2-52)。

图2-52　检查机油排放塞

4. 排放发动机油(图2-53)。

图2-53　排放发动机油

☞ 将机油抽油机推到车下，打开放油开关。

☞ 用抹布清洁表面。

5. 更换放油螺塞密封垫并拧紧放油螺塞(图 2-54)。

图 2-54　更换放油螺塞密封垫

☞ 用扭力扳手，扭矩为 14 N·m。

二、检查传动系统、转向系统

目标：

能够正确全面检查传动系统、转向系统。

实训步骤：

1. 检查驱动轴外护套有无泄漏、裂纹和损坏(图 2-55)。

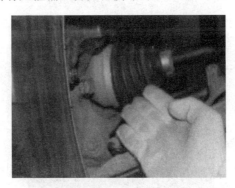

图 2-55　检查驱动轴外护套

☞ 转动并目测。

☞ 左侧、右侧外护套都须检查。

2. 检查驱动轴内护套有无泄漏、裂纹和损坏(图 2-56)。

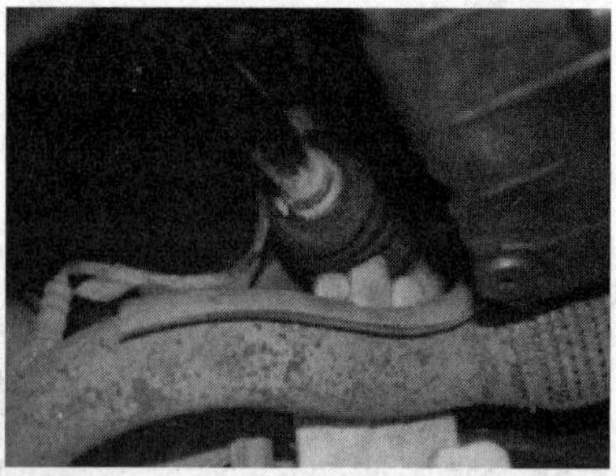

图 2-56　检查驱动轴内护套

☞ 转动并目测。

☞ 左侧、右侧内护套都须检查。

3. 检查转向连接机构有无松旷、变形和损坏(图 2-57)。

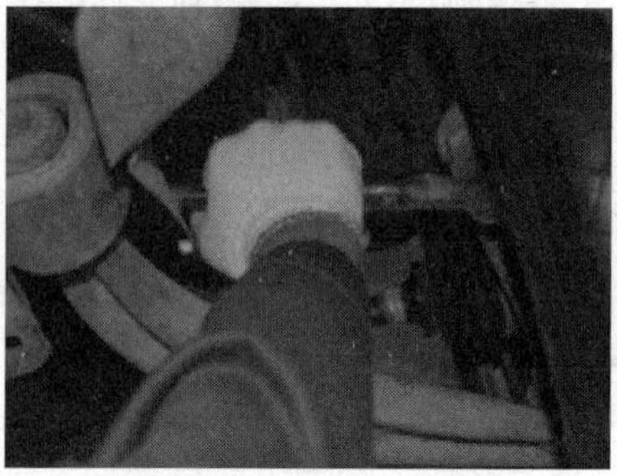

图 2-57　检查转向连接机构

☞ 用手晃动。

☞ 用手捋动检查变形或损坏。

4. 检查稳定杆连杆有无松旷、变形或损坏(图 2-58)。

图 2-58　检查稳定杆连杆

☞ 晃动和目测。

☞ 用手捋动检查变形或损坏。

三、检查底盘悬架系统

目标：

能够正确全面检查底盘悬架系统。

实训步骤：

1. 检查下支臂是否变形、刮伤或损坏（图 2-59）。

图 2-59　检查下支臂

☞ 用手晃动和目测，用手捋动检查变形情况。

2. 检查转向节和减振器是否变形、裂纹或损坏（图 2-60）。

图 2-60　检查转向节和减振器

☞ 用手晃动和目测，用手捋动检查变形情况。

☞ 左右两侧都须检查。

3. 检查后桥有无变形、刮伤、裂纹或损坏(图2－61)。

图 2－61　检查后桥

☞ 晃动和目测，用手挄动检查变形情况。

4. 检查后减振器有无泄漏或损坏(图2－62)。

图 2－62　检查后减振器

☞ 目测和手摸检查。

5. 检查后减振弹簧有无锈蚀、变形或损坏(图2－63)。

图 2－63　检查后减振弹簧

☞ 用手晃动、目测检查。

☞ 左右两侧都须检查。

四、检查底盘管路系统

目标:

1. 正确、全面检查底盘燃油系统、制动系统、排气系统的工作情况;

2. 正确、全面检查散热器及冷却管路的工作情况。

实训步骤:

1. 检查燃油管路有无泄漏(图 2-64)。

图 2-64 检查燃油管路有无泄漏

☞ 目测,可视部位要求全检查到。

2. 检查燃油管路的安装及接头紧固情况(图 2-65)。

图 2-65 检查燃油管路

☞ 目测、手摸,可视部位要求全检查到。

3. 检查制动管路有无泄漏(图 2-66)。

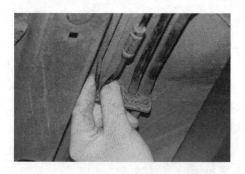

图 2-66　检查制动管路有无泄漏

☞ 目测、手摸,可视部位要求全检查到。

4. 检查制动管路有无扭结、腐蚀或损坏,安装情况(图 2-67)。

图 2-67　检查制动管路

☞ 目测、手摸,可视部位要求全检查到。

5. 检查三元催化器、排气管、消声器有无凹陷、刮伤、腐蚀或损坏(图 2-68)。

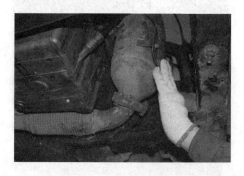

2-68　检查三元催化器、排气管、消声器

☞ 目测、手摸，检查是否有炭黑痕迹。

6. 检查结合面是否泄漏(图2-69)。

图2-69　检查结合面泄漏情况

☞ 三个结合面(排气歧管与排气前管、中管、后管)的泄漏情况。

7. 检查排气管、消声器的吊挂有无损坏或脱落(图2-70)。

图2-70　检查排气管、消声器的吊挂

☞ 目测和用手晃动检查。

8. 检查散热器有无脏污、变形、泄漏或损坏(图2-71)。

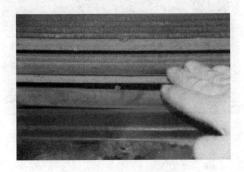

图2-71　检查散热器

☞ 目视，戴手套进行泄漏检查。

☞ 用手电筒照明。

五、检查、紧固底盘螺栓

目标：

能够规范检查、紧固底盘螺栓。

实训步骤：

1. 紧固下支臂螺栓(图2-72)。

图2-72 紧固下支臂螺栓

☞ 扭力扳手，调整值：60 N·m。

☞ 左、右两侧都须紧固。

2. 紧固加强件螺栓(图2-73)。

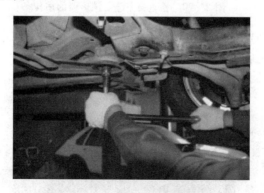

图2-73 紧固加强件螺栓

☞ 扭力扳手，调整值：160 N·m。

3. 紧固后桥托架与车身连接螺栓(图 2-74)。

图 2-74　紧固后桥托架与车身连接螺栓

☞ 扭力扳手,选用 18# 套筒,先紧固至 90 N·m,再用 EH-45059(角度仪)继续拧紧 45°。

☞ 左、右两侧都须紧固。

4. 紧固左后减振器下螺栓(图 2-75)。

图 2-75　紧固左后减振器下螺栓

☞ 扭力扳手,选用 21# 套筒,调整值:150 N·m。

5. 紧固右后减振器下螺栓(图 2-76)。

图 2-76　紧固右后减振器下螺栓

☞ 扭力扳手，选用21#套筒，调整值：150 N·m。

任务四　维护作业车辆举升位置3

一、拆卸、检查车轮

目标：

能够正确、规范拆卸并检查车轮。

实训步骤：

1. 检查右前车轮轴承有无摆动及转动噪声(图2-77)。

图2-77　检查右前车轮轴承

☞ 用手晃动检查有无松旷。

☞ 用手转动车轮，在旋转同时倾听有无噪声。

2. 检查其他三个车轮轴承有无摆动及转动噪声

☞ 检查方法同1。

3. 拆卸右前车轮(图2-78)。

图2-78　拆卸右前车轮

☞ 用气动扳手，注意检查旋转方向。

☞ 选择 19♯ 套筒，套筒连接可靠。

☞ 注意螺栓拆卸顺序。

☞ 气动扳手离开轮毂表面时，应停止转动。

☞ 拆下最后一个螺栓时，应扶住车轮，防止脱落。

4. 拆卸其他三个车轮

☞ 拆卸方法及注意事项同上。

5. 检查轮胎及钢圈（图 2-79）。

图 2-79　检查轮胎及钢圈

☞ 检查轮胎有无裂纹、损坏和异常磨损。

☞ 检查胎面有无嵌入金属颗粒或异物。

☞ 用深度尺测量轮胎沟槽深度并观察磨损标记。

☞ 检查钢圈有无损坏或腐蚀。

☞ 用气压表测量轮胎气压符合标准值。

☞ 检查轮胎是否漏气。

6. 安装右前车轮并预紧固（图 2-80）。

图 2-80　安装右前车轮并预紧固

☞ 用手旋入螺母，用扭力扳手对称拧紧。

☞ 如果用气动扳手拧紧，不能有气动扳手的嗒嗒声。

二、检查车轮制动器

目标：

1. 正确、规范检查车轮制动器的工作情况。

2. 正确使用千分尺、百分表等量具。

实训步骤：

1. 测量并记录摩擦片厚度（图 2-81）。

图 2-81　测量并记录摩擦片厚度

☞ 用钢直尺测量，极限厚度为 2 mm。

☞ 注意不能用手触摸摩擦表面，不能沾上油污。

2. 检查制动分泵及软管接头有无泄漏（图 2-82）。

图 2-82　检查制动分泵及软管接头

☞ 目测和手摸检查。

3. 检查制动盘有无裂纹、沟槽或损坏(图 2-83)。

图 2-83　检查制动盘

☞ 目视检查。

4. 测量并记录制动盘厚度(图 2-84)。

2-84　测量并记录制动盘厚度

☞ 用抹布清洁制动盘表面。

☞ 用千分尺测量,测量位置距离边缘 1/3 处,转动制动盘均匀测量 3 次。
　 极限厚度为单面 8 mm。

5. 测量并记录制动盘端面跳动量(图 2-85)。

图 2-85　测量制动盘端面跳动量

☞ 距离制动盘边缘 1/3 处安装磁力表座，表头触头要垂直制动盘表面。

☞ 转动制动盘，正确计算并记录端面跳动量。

任务五　维护作业车辆举升位置 4

一、紧固车轮

目标：

能够正确、规范地安装车轮防护；正确、规范紧固车轮螺栓。

实训步骤：

1. 拉紧驻车制动拉杆。

☞ 可靠拉起后踩踏制动踏板消除间隙。

2. 放置车轮挡块

☞ 挡块放置在两后轮处，与车轮外缘平齐。

3. 安装尾气排放管

☞ 安装可靠，不能漏气。

4. 紧固右前车轮螺栓（图 2-86）。

图 2-86　紧固右前车轮螺栓

☞ 扭力扳手调整值 140 N·m。

☞ 注意拧紧顺序，要对称星形紧固螺栓。

☞ 不允许在暖机期间紧固。

5. 紧固左前车轮螺栓。

☞ 扭力扳手调整值 140 N·m。

☞ 注意拧紧顺序，要对称星形紧固螺栓。

☞ 不允许在暖机期间紧固。

6. 紧固左后车轮螺栓。

☞ 扭力扳手调整值 140 N·m。

☞ 注意拧紧顺序，要对称星形紧固螺栓。

☞ 不允许在暖机期间紧固。

7. 紧固右后车轮螺栓。

☞ 扭力扳手调整值 140 N·m。

☞ 注意拧紧顺序，要对称星形紧固螺栓。

☞ 不允许在暖机期间紧固。

二、更换机油滤清器、空气滤清器及加注发动机机油

目标：

能够正确、规范地更换机油滤芯、空气滤芯，并加注机油。

实训步骤：

1. 拆卸机油滤清器盖及密封件并更换新机油滤清器（图 2-87）。

图 2-87　拆卸机油滤清器盖及密封件

☞ 车辆底部放置接油盆后再拆卸。

☞ 密封件上均匀涂抹机油。

☞ 机油滤清器螺栓扭矩：25 N·m。

2. 检查并清洁空气滤清器外壳（图 2-88）。

图 2-88　清洁空气滤清器外壳

☞ 用抹布擦拭表面。

3. 更换空气滤芯(图 2-89)。

图 2-89　更换空气滤芯

☞ 用抹布清洁内部。

☞ 放置空气滤芯时位置要正确。

4. 加注机油(图 2-90)。

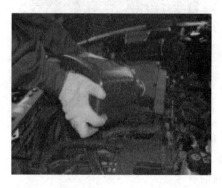

图 2-90　加注机油

☞ 可以使用漏斗加注,不要洒漏。

☞ 加注量为 4.5 L 左右。

☞ 加注完毕后可靠拧紧加注口盖。

三、检查电动车窗、电动后视镜、蓄电池充电电压

目标:

能够正确、规范地检查电动车窗、电动后视镜的工作情况,能准确测量蓄电池充电电压,并根据测量结果判断充电系统工作情况。

实训步骤：

1. 启动发动机并暖机

☞ 启动前要向实习指导教师请示，许可后方可启动。

☞ 启动前要确认安全。（挡位位于空挡，施加驻车制动）

2. 检查左前门电动车窗及主控开关的工作情况（图 2-91）。

图 2-91　检查左前门电动车窗及主控开关

☞ 发动机暖机期间检查。

3. 检查其他三个电动车窗的工作情况（图 2-92）。

图 2-92　检查电动车窗

☞ 发动机暖机期间检查。

4. 检查电动后视镜的工作情况（图 2-93）。

图 2-93　检查电动后视镜

☞ 发动机暖机期间检查。

☞ 操纵开关检查上下左右动作。

5. 检查并记录蓄电池充电电压(图 2-94)。

图 2-94　检查蓄电池充电电压

☞ 发动机暖机期间检查。

☞ 用万用表直流电压×20 挡测量,充电电压应为 13.5～14.5 V

6. 关闭发动机。

任务六　维护作业车辆举升位置 5

目标:

能够正确、规范地进行车辆维护后的检查。

实训步骤:

1. 检查发动机机油有无泄漏(图 2-95)。

图 2-95　检查发动机机油有无泄漏

☞ 规范操作举升机升至合适位置。

☞ 目测，油底、机油滤清器处，用手电筒照明。

2. 检查制动液有无泄漏（图 2-96）。

图 2-96 检查制动液有无泄漏

☞ 目测，用手电筒照明。

☞ 制动管路、车轮制动器均应检查。

3. 检查冷却液有无泄漏（图 2-97）。

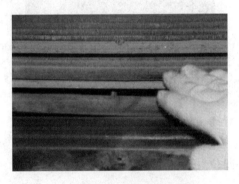

图 2-97 检查冷却液有无泄漏

☞ 目测，用手电筒照明。

任务七　维护作业车辆举升位置 6

目标：

能够正确、规范地进行车辆维护后的复查，并进行工具、车辆、场地的清洁复位。

实训步骤：

1. 检查冷却液液位（图 2-98）。

图 2-98　检查冷却液液位

☞ 目测检查，液位处于上下标线之间。

2. 检查发动机机油液位（图 2-99）。

图 2-99　检查发动机机油液位

☞ 抽出机油尺，擦拭后插入再检查。

☞ 油位位于上下标线之间。

3. 清洁工具、设备并归位（图 2-100）。

图 2-100　工具、设备归位

4. 拆卸翼子板布、前格栅布。

5. 拆卸三件套。

6. 清洁车辆内部。

7. 清洁车辆外部(图2-101)。

图2-101　清洁车辆外部

附表 1　雪佛兰轿车定期保养与维护实训作业表

班级：　　　　　姓名：　　　　　组别：　　　　　学号：

作业记录	作业类型＋作业对象＋作业内容	自评
	以下是顶起位置 1	
	操作项目(共有 72 项)	
	作业准备(技师 A)	
	(001)安装座椅套	
	(002)安装地板垫	
	(003)安装方向盘套	
	(004)降下四门车窗玻璃	
	(005)拉起发动机舱盖释放杆	
	(006)拉紧驻车制动杆，将换挡杆置于空挡	
	作业准备（技师 B)	
	(007)工具、备料准备，设备检查	
	(008)安装尾气排放管	
	(009)安装车轮挡块	
	安装防护(技师 B)	
	(010)打开发动机舱盖	
	(011)安装翼子板布	
	(012)安装前格栅布	
	发动机舱(技师 A)	
	(013)检查发动机冷却液液位及渗漏情况	
	(014)检查制动液液位及渗漏情况	
	(015)检查发动机机油液位	
	(016)检查喷洗器液面	

作业记录	作业类型＋作业对象＋作业内容	自评
	以下是顶起位置1	
	(017)检查蓄电池安装、端子、导线及电量情况	
	发动机舱(技师 B)	
	(018)检查转向助力液液位及渗漏情况	
	(019)检查传动带是否变形、磨损、其他损坏以及安装状况	
	(020)检查燃油管路安装、泄漏、损坏情况	
	(021)拆卸前格栅布、翼子板布并清洁车身	
	灯光检查	
	车内外灯光(技师 A、B 配合检查)　**启动发动机**	
	(022)检查前示位灯(小灯)和指示灯点亮	
	(023)检查近光灯点亮	
	(024)检查远光灯和指示灯点亮	
	(025)检查闪光开关和指示灯点亮	
	(026)检查左前转向灯和指示灯点亮	
	(027)检查右前转向灯和指示灯点亮	
	(028)检查危险警告灯和指示灯点亮(前)	
	(029)检查后示位灯(小灯)和指示灯点亮	
	(030)检查左后转向灯和指示灯点亮	
	(031)检查右后转向灯和指示灯点亮	
	(032)检查危险警告灯和指示灯点亮(后)	
	(033)检查牌照灯点亮	
	(034)检查制动灯点亮　关闭发动机	

作业记录	作业类型＋作业对象＋作业内容	自评
	以下是顶起位置1	
	(035)检查倒车灯点亮	
	(036)检查转向开关自动返回功能	
	(037)打开行李箱盖、油箱盖(技师A)	
	安装防护及预松 （技师B)	
	(038)安装举升机垫块、前轮螺栓预松	
	车内检查 （技师A)	
	(039)检查组合仪表警告灯(点亮和熄灭)	
	(040)检查仪表板照明灯点亮	
	(041)检查顶灯点亮	
	前挡风玻璃喷洗器	
	(042)检查喷射力、喷射位置	
	(043)检查喷射时刮水器联动	
	前挡风玻璃刮水器	
	(044) 检查工作情况（低速、高速、点动、自动回位功能）	
	(045)检查刮拭状况 目测	
	喇叭	
	(046)检查喇叭工作情况	
	驻车制动器	
	(047)检查驻车制动杆行程	
	方向盘	
	(048)测量自由行程	

作业记录	作业类型＋作业对象＋作业内容	自评
	以下是顶起位置 1	
	（049）检查松弛和摆动	
	（050）检查点火开关在 ACC 位置时，方向盘可否自由转动	
	制动器	
	（051）检查制动器踏板应用状况（异常噪声、过度松动）	
	（052）测量制动踏板自由行程（1～6 mm）	
	制动助力器（启动发动机）	
	（053）检查制动助力器工作状况（启动发动机）	
	（054）检查制动助力器气密性（关闭发动机）	
	驾驶员车门及安全带	
	（055）检查左前车门铰链是否松旷，铰链固定螺栓有无松动	
	（056）检查安全带的螺栓和螺母是否松动	
	（057）检查安全带工作情况	
	（058）检查车门灯工作情况	
	左后车门、车窗及安全带（技师 B）	
	（059）检查左后车门铰链是否松旷，铰链固定螺栓有无松动	
	（060）检查座椅安全带的螺栓和螺母是否松动	
	（061）检查座椅安全带工作情况	
	（062）检查车门灯工作情况	
	车外灯　（技师 B）	
	（063）检查左后尾灯总成的安装、污染和损坏情况	
	行李箱（技师 B）	

作业记录	作业类型＋作业对象＋作业内容	自评
	以下是顶起位置1	
	(064)检查随车工具	
	(065)检查备胎胎纹、气压、是否有扎入异物等	
	(066)检查行李箱灯	
	车外灯(技师 B)	
	(067)检查右后尾灯总成的安装、污染和损坏情况	
	油箱盖(技师 B)	
	(068)检查油箱盖连接情况	
	(069)检查油箱盖密封情况	
	右后车门、车窗及安全带(技师 B)	
	(070)检查右后车门铰链是否松旷,铰链固定螺栓有无松动	
	(071)检查安全带的螺栓和螺母是否松动	
	(072)检查安全带工作情况	
	(073)检查车门灯工作情况	
	右前车门、车窗及安全带(技师 B)	
	(074)检查右前车门铰链是否松旷,铰链固定螺栓有无松动	
	(075)检查座椅安全带的螺栓和螺母是否松动	
	(076)检查座椅安全带工作情况	
	(077)检查车门灯工作情况	
	车外灯(技师 B)	
	(078)检查右前车灯总成的安装、污染和损坏情况	
	车外灯(技师 B)	
	(079)检查左前车灯总成的安装、污染和损坏情况	

续表五

作业记录	作业类型＋作业对象＋作业内容	自评
	以下是顶起位置 1	
	前悬架(技师 B)	
	(080)检查左前减振器的阻尼状态	
	前悬架(技师 B)	
	(081)检查右前减振器的阻尼状态	
	车身(技师 B)	
	(082)检查车辆前部的倾斜度	
	后悬架(技师 A)	
	(083)检查右后减振器的阻尼状态	
	后悬架(技师 A)	
	(084)检查左后减振器的阻尼状态	
	车身(技师 A)	
	(085)检查车辆后部的倾斜度	
	作业准备 (技师 A)	
	(086)打开发动机舱盖	
	(087)释放驻车制动杆	
	(088)安装翼子板布	
	(089)安装前格栅布	
	发动机舱 (技师 B)	
	(090)检查发动机舱盖锁的工作情况	
	(091)拆下机油加注口盖	
	以下是顶起位置 2	
	发动机机油 (排放)(技师 A)	

作业记录	作业类型＋作业对象＋作业内容	自评
	以下是顶起位置2	
	(092)检查是否漏油（发动机各部位的配合表面）	
	(093)检查是否漏油（油封）	
	(094)检查是否漏油（排放塞）	
	(095)拆卸排放塞排放发动机机油	
	底盘悬架（技师 A）	
	(096)检查驱动轴内、外防尘套（是否有裂纹和损坏）	
	(097)检查转向连接机构有无松旷、变形或损坏	
	(098)检查前转向节、减振器有无变形、泄漏或损坏	
	(099)检查前轮刹车管路是否泄漏、变形、裂纹及安装状况	
	(100)紧固下支臂螺栓、螺母	
	(101)紧固加强件螺栓、螺母	
	发动机（技师 A）	
	(102)检查前半部排气管安装及泄漏情况	
	(103)检查发动机水管安装及泄漏情况	
	(104)更换新的放油螺塞密封垫并装复油底壳螺丝	
	底盘管路（技师 B）	
	(105)检查燃油管路安装、泄漏、损坏情况	
	(106)检查制动管路安装、泄漏、损坏情况	
	(107)检查排气管路安装、泄漏、损坏情况	
	底盘悬架（技师 B）	
	(108)检查后桥有无变形、刮伤、裂纹或其他损坏	

续表七

作业记录	作业类型＋作业对象＋作业内容	自评
	以下是顶起位置 2	
	(109)检查减振器有无变形、泄漏或损坏	
	(110)检查减振弹簧有无锈蚀、变形或损坏	
	(111)紧固后桥托架与车身连接螺栓(内侧)	
	(112)紧固后减振器下螺栓	
	以下是顶起位置 3	
	左前轮(技师 A)	
	(113)检查车轮轴承有无摆动、检查转动状况和噪声	
	(114)拆卸左侧车轮,检测车轮、制动片、盘	
	(115)安装左前车轮并预紧固	
	右前轮(技师 B)	
	(116)检查车轮轴承有无摆动、检查转动状况和噪声	
	(117)拆卸右侧车轮,检测制动片、盘	
	(118)安装右前车轮并预紧固	
	以下是顶起位置 4	
	作业准备(技师 A)	
	(119)拉紧驻车制动杆	
	(120)将换挡杆置于空挡或 P 挡	
	作业准备(技师 B)	
	(121)安装尾气排放管	
	(122)放置车轮挡块	
	紧固作业(技师 A、B)	
	(123)紧固左前车轮螺栓	

作业记录	作业类型＋作业对象＋作业内容	自评
	以下是顶起位置 4	
	（124）紧固右前车轮螺栓	
	发动机舱（技师 A）	
	（125）拆卸机油滤清器盖及密封件，更换新机油滤清器芯	
	（126）加注发动机机油	
	发动机舱（技师 B）	
	（127）检查并清洁空气滤清器外壳，更换空气滤清器芯	
	车内检查（技师 A、B）	
	（128）启动发动机并暖机	
	（129）检查左前电动车窗及主控开关的工作情况	
	（130）检查电动后视镜的工作情况	
	（131）检查左后车窗的工作情况	
	（132）检查右后车窗的工作情况	
	（133）检查右前车窗的工作情况	
	发动机舱（技师 B）	
	（134）检查蓄电池充电电压	
	（135）关闭发动机	
	以下是顶起位置 5	
	底盘检查作业（技师 A、B）	
	（136）检查发动机机油有无泄漏	
	（137）检查制动液有无泄漏	
	（138）检查冷却液有无泄漏	

作业记录	作业类型＋作业对象＋作业内容	自评
	以下是顶起位置 6	
	发动机舱内检查（技师 A）	
	（139）检查冷却液液位	
	（140）检查发动机机油液位	
	整理、清洁作业（技师 A、B）	
	（141）清洁工具、设备并归位	
	（142）拆卸翼子板布、前格栅布	
	（143）拆卸三件套	
	（144）清洁车辆内部	
	（145）清洁车辆外部	

项目三　车轮定位实训

【学习任务】

1. 掌握车轮定位的意义与定位时机。

2. 掌握车轮定位检测前需要做的准备工作。

3. 掌握百斯巴特四轮定位仪的使用流程。

【技能目标】

1. 掌握举升机的使用方法。

2. 掌握百斯巴特四轮定位仪的使用方法。

3. 掌握定位检测软件的使用方法。

任务一　实训教学的准备与实施

一、知识链接

1. 车轮定位的定义

为了保证汽车直线行驶的稳定性、转向轻便性，减小轮胎和机件的磨损，车轮、悬架系统元件以及转向系统元件安装到车架(或车身)上的几何角度与尺寸必须具有一定的相对位置，这种具有一定相对位置的安装，称为车轮定位。

车轮定位包括前轮定位和后轮定位。前轮定位主要包括主销后倾、主销内倾、前轮外倾和前轮前束四方面内容。后轮定位主要包括后轮外倾和后轮前束两方面内容。

2. 车轮主要技术参数及其作用

1) 前轮定位参数

(1) 主销后倾：主销安装在前轴上，其上端略向后倾斜，称为主销后倾。在纵向平面内，主销轴线与垂线之间的夹角叫主销后倾角，它实际上是前桥后倾程度的反映，如图 3-1 所示。

主销后倾的作用是保证汽车直线行驶的稳定性，并力图使转向完成后的转向轮自动回正。主销后倾角越大，车速越高，转向轮的稳定性越强；但转向越沉重，所以主销后倾角一般不超过 3°。主销后倾角

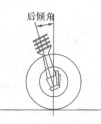

图 3-1　主销后倾

是由前轴、悬架和车架装配在一起时，使前轴向后倾斜或依靠钢板弹簧座间加楔形垫块而形成的。

（2）主销内倾：主销安装在前轴上，其上端略向内倾斜，称为主销内倾。在汽车的横向垂直平面内，主销轴线与垂线之间的夹角称为主销内倾角，如图3-2所示。

主销内倾的作用是使转向轮自动回正，并使转向轻便。主销内倾角越大或转向轮转角越大，则汽车前部抬起就越高，转向轮自动回正作用越强烈，但转向就越费力，所以主销内倾角一般不大于8°。主销内倾角是在前轴制造加工时，使主销孔向内倾斜而获得的。

（3）前轮外倾：前轮安装在车桥上，其上端略向外倾斜，称为前轮外倾。前轮旋转平面与纵向垂直平面之间的夹角称为前轮外倾角，如图3-3所示。

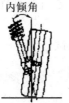

图3-2　主销内倾　　　　图3-3　前轮外倾

前轮外倾的作用是提高前轮工作的安全性，使转向轻便。前轮外倾角大时，虽然对安全和操纵有利，但是将使轮胎横向偏磨加剧，油耗增多。所以，前轮外倾角一般为1°左右。独立悬架的车辆可调。

（4）前轮前束：从汽车的正上方向下看，由轮胎的中心线与汽车的纵向轴线之间的夹角称为前束角。轮胎中心线前端向内收束的角度为正前束角，反之为负前束角，如图3-4所示。总前束值等于两个车轮的前束值之和，即两个车轮轴线之间的夹角。

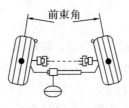

图3-4　前轮前束

前束的作用是消除前轮外倾使汽车行驶时向外张开的趋势，减小轮胎磨损和燃料消耗。

2）后轮定位参数

现代一些采用独立悬架的车辆，除了设置转向轮定位外，非转向的后轮也设置定位，称为后轮定位。它包括后轮外倾和后轮前束。后轮外倾同前轮外倾一样，保护外轴承和外锁紧螺母。为避免后轮外倾带来的"前展"而设置后轮前束，其作用与前轮前束相同。

3．影响车轮定位的主要因素

（1）在不平的路面上高速行驶；

（2）前轮受外力冲击，上人行道台阶等；

（3）经常在原地打死方向；

（4）轮胎气压超出标准范围。

4．用车时注意事项

（1）通过障碍物时，尽量缓行、绕行；

（2）前轮轮胎花纹必须保持一致，这样能确保最佳行驶性能，防止附着力不足、噪音、侧滑、偏磨等现象的出现；

（3）更新或修理轮胎后，必须进行轮胎动平衡测试。

5．何时需做车轮定位

（1）汽车年检前；

（2）新车行使达 3000 km 时；

（3）每半年或车辆行驶达 10 000 km 时；

（4）更换或调整轮胎、悬架（挂）或转向系统有关配件后；

（5）更换转向系统及零件时；

（6）直行时方向盘不正；

（7）车辆转向时，方向盘太重或无法自动回正；

（8）行驶时感觉车身摇摆不定或有飘浮感；

（9）轮胎不正常磨损，如前轮或后轮单轮磨损；

（10）碰撞事故车维修后。

6．车轮定位简易操作口诀

外倾合适，后倾大，向前侧垫；外倾合适，后倾小，向后侧垫；

外倾大，后倾大，前边加垫；外倾大，后倾小，后边加垫；

外倾小，后倾大，后边减垫；外倾小，后倾小，后边减垫；

外倾大，后倾合适，同时加垫；外倾小，后倾合适，同时减垫。

外倾加垫变小，减垫变大；后倾加垫变大，减垫变小；

外倾减垫等于后倾加垫，后倾减垫等于外倾减垫；

后倾减垫，后倾变小；外倾减垫，后倾变大；

轴距加长，后倾加大；外倾加垫等于后倾加垫；

转向角左大调右，右大调左；同时加减，后倾不变；

相互导垫，外倾不变。

二、实训所需的工、量具、配件辅料及设备

实训所需的工/量具、配件辅料及设备分别如表3-1、表3-2和表3-3所示。

表3-1　车轮定位实训常用工、量具

序号	工、量具名称	型号规格	数量	备注
1	扭力扳手及开口接头	40～200 N·m(可插开口扳手) 开口接头 24 mm	各4套	
2	开口扳手	24 mm	4个	
3	开口扳手	15 mm	4个	
4	开口扳手	21 mm	4个	
5	手电筒		4个	
6	胎压表		4个	
7	胎纹深度测量尺		4个	
8	盒尺	3 m	4个	

表3-2　车轮定位实训配件辅料

序号	配件辅料名称	型号规格	数量	备注
1	抹布		若干	
2	拖把		4把	
3	纺织手套		若干	
4	三件套(方向盘套、座椅套、脚垫)		各4套	
5	铁凳子		4个	
6	方向盘锁		4个	
7	刹车锁		4个	
8	举升垫块		16个	
9	车轮挡块		16个	

表 3-3　车轮定位实训设备

序号	设备名称	型号规格	数量	备注
1	车轮定位仪	百斯巴特教学版 ML 8R TECH	4 台	
2	剪式举升机	百斯巴特 VLE5240	4 台	
3	卡具工具车		4 个	

三、实训的教学方式及考核方法

1. 实训的教学方式

实训的教学方式有理实一体教学法、示范操作法、分组教学法、多媒体和虚拟仿真教学法。

2. 实训的考核方法及成绩评定

考核内容为车轮定位实训项目；考核方法为一人操作，一人配合，完成车轮定位项目。

实训成绩包括出勤、实训期间的表现、实训项目的完成情况、实训操作工单的填写、小组评价等几个方面。

四、实训注意事项

（1）只可使用柔软的布擦除传感器上的污垢或者用适量的清洗液清除传感器上的油污。不可使用水冲洗，更不可浸在水中；不可使用喷雾式清洗剂对着传感器喷射清洗。传感器盒不要随意打开，更不要随便调节内部元件。

（2）可使用柔软的布擦除夹具上的灰尘，夹具在车轮上时用力要适中，同时要使用保护缆索。夹具在不使用时应挂在箱体的支架上，不可乱放。

（3）为防止意外断电，主机应使用 UPS 电源保护；当主机长时间不用时应使用屏幕保护程序。电脑的 CMOS 设置不能随意更改，内部电池注意及时更换。不要使用盗版软件，以防止病毒感染电脑；不要随便删除系统程序和应用程序。

（4）注意人身和设备的安全，特别是注意在车底下操作时的人身安全。

（5）未经许可，不准扳动设备和电源按钮开关。

（6）认真接受实训前的安全知识教育。

（7）注意工、量具和设备的正确使用。

（8）举升机的操作必须在实训指导教师的指导下进行。

（9）严格按照检测调整技术规程、操作工艺要求进行作业。

（10）需调整的部位，应按技术数据或技术规程进行调整。

（11）保持实训场地的清洁整齐。

任务二　车轮定位实训

车轮定位操作，是对汽车悬架系统的定位角度的检测和调整，这些定位角度共同保证了驾驶汽车的舒适性和安全性。因此，做车轮定位服务，不仅要对定位角度进行检测，而且需要把引起车轮定位角变化的原因找出来。所以，车轮定位服务的规范程序，应该是较全面地对汽车底盘相关的部件做常规的检测，才能做到调整的方案是合理的、经济并符合驾驶汽车的安全性，同时也满足了客户的合理权益。

一、询问客户

应仔细听客户介绍情况。客户对自己的汽车状况最了解，应陪同客户试车，因为有的故障只有在特定情况下才能表现出来，并做试车记录，同时还要向客户了解汽车的一般情况，如购车年份、碰撞事故、维修情况、轮胎情况等，可以为故障原因分析提供帮助。

询问客户的工作程序如下：

（1）向客户了解汽车故障的现象。

（2）随客户一起试车。

（3）记录故障特征。

（4）记录了解一般情况。

（5）请客户予以确认。

二、直观检查

直观检查是在路试基础上的车轮定位预备检查，主要检查车辆高度的对称性、轮距、轴距及对称性、车轮变形及轮胎磨损、底盘零部件变形及磨损等情况。有些故障可以通过目测直接检查出来，有些故障与车轮定位无关，如轮辋变形引起的方向盘打摆等。

直观检查中要特别注意轮胎检查，轮胎是否为同一品牌、同一生产批号，一定要记录每一个轮胎的生产编号。因为轮胎磨损状况反映了车轮定位的检修结果，以便为车辆下一次检修提供参考，同时防止车辆个别更换轮胎，由于轮胎结构以及性能差异出现新的故障。

以上项目要逐项检查、逐项记录。

三、仪器检测

仪器检测的技术参数主要有：

（1）前轮主销后倾角。

（2）前轮主销内倾角。

（3）前轮外倾角。

（4）前轮前束。

（5）后轮外倾角。

（6）后轮前束。

四、调整检修

仪器检测结束后不要急于调整检修，而要将检测结果和直观检查项目进行综合分析后，制订调整检修方案。如果可能，要向客户介绍调整检修方案，与客户协商选择检修方案，确定安全、经济、合理的检修方案。

调整顺序：后轮外倾角、后轮前束、主销后倾角、主销内倾角、前轮外倾角、前轮前束。

调整检修的工作程序如下：

（1）调整检修作业。

（2）记录检测调整结果。

五、路试检验和细微调整

道路检验主要是检查检修结果，查看故障是否消除，要进行一般道路试车。

六、验收检修结果

对检修项目验收，核对维修单，检查是否有漏修项目，然后进行试车验收。

七、防锈处理

对作业中刮碰处及安装的新零件进行防锈处理。

注：向客户介绍检修结果，同时介绍使用中应注意的事项以及其他提醒客户的问题，最后向客户交车。

附表 2 车轮定位实训项目操作工单

车轮定位的认识与调整	姓名：			学号：
	班级：		日期：	编号：

1.知识衔接：车轮定位有哪几个主要数据？各主要数据的作用是什么？

_____

_____

_____ 。

_____

_____

_____ 。

_____

_____

_____ 。

2.四轮定位操作的标准流程：

第一步：症状询问与试车。

第二步：定位前检查(转向和悬挂系统的检查与维护)。

第三步：定位前工作。

第四步：车轮定位测量。

第五步：维修调整。

第六步：试车确认。

3.实训注意事项：

(1) 正确使用工具、设备；

(2) 严格按照程序操作，并注意操作安全。

4.根据所学知识，在实训车间里，对实车进行车轮定位调整并记录。

(1) 车辆所属厂家：_____

(2) 车辆名称：_____

a.当检查转向和悬挂系统有零件损坏时立即更换；

b.如果车轮定位时有数据无法调整为正常值的情况，需要检查车身或车架有无变形。

(3) 车轮定位数据调整顺序：后轮外倾、后轮前束、主销调整、前轮外倾、前轮前束。调整前束时要注意方向盘的摆正。

后轮外倾角的检测：

名　称	标准值	测量值	调整后数值
外倾角的检测（左）			
外倾角的检测（右）			

主销后倾角的检测：

名　称	标准值	测量值	调整后数值
主轴后倾角（左）的检测			
主轴后倾角（右）的检测			

前轮外倾角的检测

名　称	标准值	测量值	调整后数值
外倾角的检测（左）			
外倾角的检测（右）			

前轮前束的检测：

名　称	标准值	测量值	调整后数值
左前束的检测			
右前束的检测			
总前束的检测			

5. 根据所学知识，回答问题：

（1）车轮定位是指：

_____

_____。

（2）什么时候需要车轮定位（列出 5 个以上条件）：

_____

_____。

6. 知识的延伸：

（1）为了避免车轮定位数据的变化影响正常驾驶，驾驶时应该尽量：

_____

_____。

(2) 已进行过车轮定位调整维修的车辆如何确认是否正常？

_____

_____。

7. 课后作业：

案例分析和处理：

在学习和掌握了汽车四轮定位检测和维修方法后，下面一起来解决工作中我们遇到的车轮定位检测的案例。

情况：一辆发生了车辆前部碰撞事故的汽车进厂维修，顾客要求进行全面检修以排除隐患。刚毕业的小明具体负责底盘悬挂系统的检修，他将完成车轮定位的检测、底盘悬挂零件的检修工作。请你制订一份检修计划，并在小组中交流所制订的计划、实施完成的方法和具体措施。写下工作要点：

(1) 车轮定位前应该确认什么？

_____

_____。

(2) 应如何做好四轮定位前的准备工作？

_____

_____。

(3) 四轮定位时应注意：

_____

_____。

(4) 在四轮定位完成后如何进行试车检查：

_____

_____。

(5) 检查结果：方向盘应该_____（正/不正），可以直线行使_____（可以/不可以)行驶良好；方向有无跑偏现象_____（有/无），方向盘转弯时是否可以自动回位_____（可以/不可以)。

项目四　车轮的保养与维护

【学习任务】

1. 掌握轮胎的结构及规格。

2. 掌握动平衡操作的必要性。

3. 掌握轮胎的拆装步骤。

【技能目标】

1. 掌握轮胎拆装机的正确使用方法并进行轮胎的拆装。

2. 掌握车轮动平衡机的正确使用方法并进行动平衡操作。

任务一　概　述

一、轮胎的作用

（1）支承汽车及货物的总质量；

（2）保证车轮和路面的附着性，以提高汽车的牵引性、制动性和通过性；

（3）与汽车悬架一同减少汽车行驶中所受到的冲击，并衰减由此而产生的振动，以保证汽车有良好的乘坐舒适性和平顺性。

二、轮胎的类型

（1）按轮胎内空气压力的大小划分为：高压胎、低压胎和超低压胎；

（2）按胎体结构的不同划分为：充气轮胎和实心轮胎；

（3）按保持空气方法的不同划分为：有内胎轮胎和无内胎轮胎；

（4）按胎体帘线黏接方式的不同，充气轮胎分为：普通斜交胎、带束轮胎和子午线轮胎；

（5）按轮胎花纹的不同划分为：普通花纹轮胎、混合花纹轮胎、越野花纹轮胎。

三、轮胎的结构

（1）有内胎的充气轮胎由外胎、内胎和垫带组成，装在车轮的轮辋上。外胎由胎面、帘布层、缓冲层和胎圈组成。如图 4-1 所示。

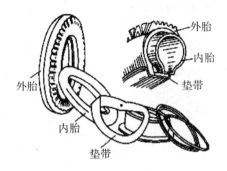

图 4-1　有内胎充气轮胎的结构

（2）无内胎的充气轮胎在外胎内壁上有一层封气的橡胶密封层，特点是轮胎刺破后内部空气不会立即卸掉，安全性好；另外爆胎后，可从外部紧急处理。目前在乘用车上应用较多。如图 4-2 所示。

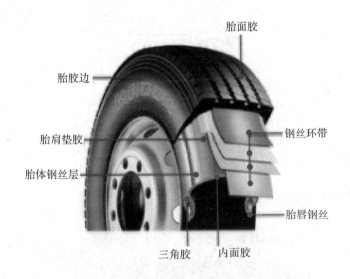

图 4-2　无内胎充气轮胎的结构

四、普通斜交轮胎与子午线轮胎比较

（1）普通斜交轮胎。普通斜交轮胎帘布层和缓冲层各相邻层帘线交叉，且与胎面中心线呈小于 90°排列。

其特点是胎面平整，行驶平稳；牵引效果好，防穿透性能有所改善。

（2）子午线轮胎。子午线轮胎帘线与胎面中心线的夹角接近 90°；带束层与胎面中心线夹角为 10°～20°。

其特点是行驶里程长；滚动阻力小，节约燃料；承载能力大；减振性能好；附着性能好；胎面耐穿刺，不易爆破；胎温低，散热快；质量轻，节约原料。缺点是胎侧变形大，受力大，易产生裂口。

综合上述特性，现代汽车广泛应用子午线轮胎。

五、子午线轮胎的规格

子午线轮胎的规格如下：

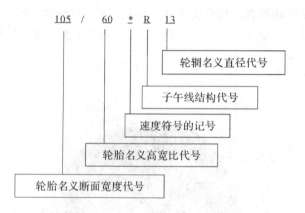

六、轮胎的标识

（1）轮胎规格的识别见图 4-3 所示。

图 4-3　轮胎规格的识别

（2）轮胎扁平率(高宽比)：轮胎断面高与断面宽的比值，如图 4-4 所示。

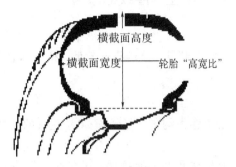

$$高宽比 = \frac{横截面高度}{横截面宽度} \times 100\%$$

图 4-4　扁平率

（3）轮胎生产日期的识别：如图 4-5 所示。

DOT标志

0803：制造日期-2003 年第 8 周

图 4-5　轮胎生产日期的识别

（4）轮胎的最大载重能力的识别：如图 4-6 所示。

模压在胎侧的最大载重能力

图 4-6　轮胎最大载重能力的识别

七、轮胎的正确使用、换位及不正常磨损的原因

1. 轮胎的正确使用

保持轮胎气压正常，防止轮胎超载，合理搭配轮胎，精心驾驶车辆，保持良好的底盘技术状况。

2. 轮胎的换位

按正确的轮胎换位可使轮胎磨损均匀，可延长20%左右的使用寿命。轮胎换位应结合车辆的二级维护定期进行。

常用的换位方法有交叉换位法和循环换位法。子午线轮胎宜用循环换位法。换位方法如图4-7所示。

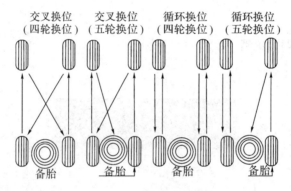

图4-7　轮胎的换位方法图解

3. 轮胎不正常磨损的原因

轮胎不正常磨损的原因如表4-1所示。

表4-1　轮胎不正常磨损的原因

特　征	原　因	特　征	原　因
胎冠过度磨损	气压过高	单边磨损	前轮外倾角失准，后桥壳变形

续表

特　征	原　因	特　征	原　因
胎肩过度磨损	气压过低	杯形（贝壳形）磨损	悬挂部件和连接车轮的部件（球节、车轮轴承、减振器、弹簧衬套等）磨损，车轮不平衡
锯齿（羽毛）状磨损	前束失准，主销衬套或球节松旷	第二道花纹过度磨损（只出现在子午线胎上）	轮辋太窄而轮胎太宽，不配套

八、新轮胎的识别窍门

翻新胎与品牌胎相比，最大差别在于耐磨性上。我们可以从四个方面进行判断。一看，新轮胎胎面呈现蓝光，色泽较为自然，而翻新轮胎则显得特别的亮；二摸，新轮胎按压胎面，不会留下指纹，而翻新轮胎胎面则有一层蜡，摸下去会有指纹；三扯，胎面上的橡胶钉和磨损标记不会很容易地扯下来；四划，用硬物在胎面上轻微地划过，新胎不会留下划痕。

新轮胎的识别如图 4-8 所示。

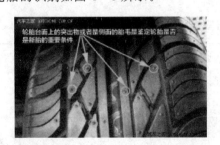

图 4-8　新轮胎的识别

任务二　轮胎的拆卸与安装

一、实训目的

"轮胎的拆卸与安装"实训项目是汽车运用与维修专业的一项重要实训内容。其目的是：

1. 理解整理（SEIRI）、整顿（SEITON）、清扫（SEISO）、清洁（SEIKETSU）、素养（SHITSUKE）、安全(SAFE)6S 管理理念。

2. 掌握汽车保养与维护中的操作规范，养成良好的操作习惯。

3. 轮胎的拆卸与安装是针对目前汽车维修岗位"车轮的保养与维护"而设置的一项重要的实训项目，为学生能尽快适应工作岗位奠定理论和实践基础。

本实训项目的主要任务是：按照正确的操作规范进行轮胎的拆卸和安装作业，并正确填写操作工单。实训时间为 1 周。

二、实训的教学方式及考核方法

1. 实训的教学方式

理实一体教学法、示范操作法、分组教学法、多媒体、虚拟仿真教学法。

2. 实训的考核方法及成绩评定

考核内容为车轮的保养与维护项目，包括车轮的拆装、轮胎的拆装、车轮的动平衡操作三项内容。考核方法为学生模拟实际工作岗位，完成车轮的车上拆卸、轮胎的拆装、车轮的动平衡操作，最后再安装到车上的一系列完整的工作过程。

实训成绩包括出勤、实训期间的表现、实训项目的完成情况、实训操作工单的填写、小组评价等几个方面。

三、实训常用工/量具、辅料及设备(见表 4-2、表 4-3、表 4-4)

表 4-2　轮胎的拆卸与安装实训常用工、量具

序号	工、量具名称	型号规格	数量	备注
1	扭力扳手及开口接头	40～200 N·m(可插开口扳手) 开口接头 24 mm	各 4 套	
2	扁口撬棒		4 个	
3	气门嘴扳手		4 个	

序号	工、量具名称	型号规格	数量	备注
4	检漏工具		4 套	
5	胎压表		4 个	
6	胎纹深度测量尺		4 个	

表 4-3　轮胎的拆卸与安装实训配件辅料

序号	配件辅料名称	型号规格	数量	备注
1	抹布		若干	
2	拖把		4 把	
3	纺织手套		若干	
4	轮胎装配润滑脂		4 盒	
5	轮胎		若干	不同规格
6	车轮挡块		16 个	

表 4-4　轮胎的拆卸与安装实训设备

序号	设备名称	型号规格	数量	备注
1	轮胎拆装机	百斯巴特教学版 ML 8R TECH	4 台	
2	千斤顶	5 t	4 台	
3	工具车		4 个	
4	集中式供给系统	含电源、灯光、压缩空气	4 套	

四、实训注意事项

1. 安全注意事项

（1）注意人身和设备的安全，特别是注意在扒胎操作时的人身安全。

（2）未经许可，不准扳动设备和电源按钮开关。

（3）认真接受实训前的安全知识教育。

2. 操作注意事项

（1）注意工、量具和设备的正确使用。

（2）举升机的操作必须在实训指导教师的指导下进行。

（3）需调整的部位，应按技术数据或技术规程进行调整。

（4）保持实训场地的清洁整齐。

（5）实验过程中，学生必须严格遵守指导教师的要求，按操作程序进行实验。

五、实训操作流程

1. 放气去块（图 4 - 9）。

图 4 - 9　放气去块

☞ 拆下轮胎前应做相应标记，以便在维护中实施轮胎换位。

☞ 分解前应用气门扳手拆下气门芯，放净轮胎内空气。清除杂物，去掉平衡块。

注意：放气初始要慢，防止气门芯飞出。

2. 胎辋分离 1（图 4 - 10）。

图 4 - 10　胎辋分离 1

☞ 胎缘涂润滑剂，将轮胎置于分离铲和橡胶垫之间。

3. 胎辋分离 2(图 4 - 11)。

图 4 - 11　胎辋分离 2

☞ 踩下分离铲脚踏，轮缘和轮辋就分离了，对角及另一面都要重复这个动作。

注：分离铲和轮辋边缘要有 1 cm 的距离。

4. 盘上固辋(图 4 - 12)。

图 4 - 12　盘上固辋

☞ 将轮胎放置于扒胎机拆转盘上。

注意：使用机器卡紧钢圈，务必保持轮胎呈平行状态。

5. 剥离上缘(图 4 - 13、图 4 - 14)。

图 4 - 13　剥离上缘 1

图 4 - 14　剥离上缘 2

☞ 拉回横摆臂，压下六方杆，拆装头贴紧轮辋外缘，锁紧手柄把六方杆锁住。

注：轮辋边缘和拆装头内侧相距 1～2 mm。

☞ 用撬棒撬出轮胎上缘，配合扒胎机拆装。

☞ 踩下扒胎机旋转踏板，转动扒胎机转盘，轮胎正面拆卸完毕。

6. 轮胎反面拆卸，请参考上述步骤 4。

☞ 拆卸应当时刻注意人身以及轮胎安全，严格按照相关科学合理的步骤实施。

7. 取轮卸辋。取下轮胎，踩卡盘闭合踏板，取下钢圈。

8. 固辋置轮（图 4 - 15）。

图 4 - 15　固辋置轮

☞ 紧固轮辋，将轮胎倾斜地放在上面，涂润滑剂。分辨轮胎正反面。

注意：有轮胎日期面朝向钢圈正面。

9. 下缘入槽（图 4 - 16）。

☞ 检查拆装头和轮辋的配合情况，使轮胎内缘和拆装头交叉（轮胎内缘在拆装头后部的上面）用力按压胎肚，脚踩转向控制踏板。

图 4 - 16 下缘入槽

10. 上缘入槽（图 4 - 17）。

图 4 - 17 上缘入槽

☞ 调整胎缘位置（同上）用手用力压低胎肚，脚踩转向控制踏板，松开锁紧手柄，升高六方杆，移开横摆臂。

注：还有 10～15 mm 的轮胎没装入轮辋时，动作一定要放慢，并注意轮胎的状态，以免发生撕伤轮胎。

11. 充气卸轮（图 4 - 18）。

图 4 - 18 充气卸轮

☞ 安装气门芯（检查气门芯和气门嘴是否配合平整，擦净灰尘）用气压表缓慢多次地充气。

☞ 检查是否漏气（轮辋和胎圈接触的部位、气门嘴和轮辋接触的部位、气门芯等处），拧紧气门帽，脚踩卡盘闭合踏板，拿下车轮。

任务三　车轮的动平衡

一、实训目的

"车轮的动平衡"实训项目是汽车运用与维修专业的一项重要实训内容。其目的是：

1. 理解整理（SHIRI）、整顿（SEITON）、清扫（SEISO）、清洁（SEIKETSU）、素养（SHITSUKE）、安全（SAFE）6S 管理理念。

2. 掌握汽车保养与维护中的操作规范，养成良好的操作习惯。

3. 车轮动平衡实训是针对目前汽车维修岗位"车轮的保养与维护"而设置的一项重要的实训项目，为学生能尽快地适应工作岗位奠定理论和实践基础。

本实训项目的主要任务是：按照正确的操作规范进行车轮动平衡作业，并正确填写操作工单。实训时间为 1 周。

二、实训常用工/量具、辅料及设备（见表 4-5、表 4-6、表 4-7）

表 4-5　车轮的动平衡实训常用工、量具

序号	工、量具名称	型号规格	数量	备注
1	扭力扳手及开口接头	40～200 N·m（可插开口扳手）开口接头 24 mm	各 4 套	
2	平衡块拆装钳		4 个	
3	胎压表		4 个	
4	胎纹深度测量尺		4 个	

表 4－6 车轮的动平衡实训配件辅料

序号	配件辅料名称	型号规格	数量	备注
1	抹布		若干	
2	拖把		4 把	
3	纺织手套		若干	
4	车轮		若干	不同规格
5	平衡块		若干	

表 4－7 车轮的动平衡实训设备

序号	设备名称	型号规格	数量	备注
1	车轮动平衡机	百斯巴特教学版	4 台	
2	集中式供给系统	含电源、灯光、压缩空气	4 套	
3	工具车		4 个	

三、实训的教学方式及考核方法

1. 实训的教学方式

理实一体教学法、示范操作法、分组教学法、多媒体、虚拟仿真教学法。

2. 实训的考核方法及成绩评定

考核内容为车轮的动平衡操作。考核方法为学生模拟实际工作岗位，完成车轮的动平衡操作。

实训成绩包括出勤、实训期间的表现、实训项目的完成情况、实训操作工单的填写、小组评价等几个方面。

四、实训注意事项

1. 安全注意事项

（1）注意人身和设备的安全。

（2）未经许可，不准扳动设备和电源按钮开关。

（3）认真接受实训前的安全知识教育。

2. 操作注意事项

（1）注意工、量具和设备的正确使用。

（2）首先要检查轮胎，然后清除石头和旧平衡块。这一步不能省略，它是我们做轮胎动平衡的前提。

（3）装卸轮胎，一定要轻拿轻放，安装要可靠、牢固。如果安装不正，会引起严重的不平衡。

（4）注意轮辋的式样，不同的轮辋选用不同的模式。

（5）安装平衡块时，注意锤子的使用力度，力度过大会使得平衡机的轴部变形，参数的读入错误。

（4）保持实训场地的清洁整齐。

五、实训操作流程

1. 清除车轮上的泥土、石块和旧平衡块，并测量轮胎气压，使气压在标准值（图4-19）。

图4-19　清除车轮并测量胎压

2. 安装车轮（图4-20）。

图4-20　安装车轮

☞ 安装时先将弹簧、锥体套在匹配器上，再将车轮装到锥体上，装好压盖，然后用快速螺母锁紧。

☞ 选择与被平衡车轮钢圈内孔相对应的锥体。

☞ 安装高、中档轿车车轮时，可将锥体反向装入。

☞ 快速螺母一定要锁紧，以防止车轮在旋转过程中窜动。

3. 拉出测量标尺，测量轮辋肩部到设备的距离(图 4 - 21)。

图 4 - 21　测量轮辋肩部到设备的距离

☞ 拉出标尺时要水平拉出。

4. 输入实际测量值(图 4 - 22)。

图 4 - 22　输入实际测量值

5. 用卡规测量被平衡车轮轮辋的宽度（图 4 - 23）。

图 4 - 23　测量轮辋宽度

☞ 卡规卡在车轮轮辋凸缘下部。

6. 输入实际测量的轮辋宽度值(图4-24)。

图4-24 输入轮辋宽度值

7. 查看车轮正面压印的轮胎规格,确认轮辋的直径(图4-25)。

图4-25 确认轮辋直径

☞ 如轮胎规格为195/80 S R 14,则轮辋直径为14 in(英寸)。

8. 输入轮辋直径(图4-26)。

图4-26 输入轮辋直径

9. 按 Start 键，启动设备(图 4 - 27)。

图 4 - 27 按 Start 键，启动设备

☞ 左手按 Start 键的同时，右手转动车轮。

10. 在车轮的内侧安装平衡块(图 4 - 28)。

图 4 - 28 在车轮的内侧安装平衡块

☞ 要转动车轮，使设备显示屏中内侧不平衡量位置出现点阵符时停止转动。

☞ 平衡块的选择要与设备提示的不平衡量相当。

☞ 平衡块的安装位置要在垂直的中间位置。

☞ 需要注意的是，应先在不平衡量较大的一侧进行平衡。

11. 在车轮的外侧安装平衡块(图 4 - 29)。

图 4 - 29 在车轮的外侧安装平衡块

☞ 要转动车轮，使设备显示屏中外侧不平衡量位置出现点阵符时停止转动。

☞ 平衡块的选择要与设备提示的不平衡量相当。

☞ 平衡块的安装位置要在垂直的中间位置。

12. 按 Start 键，进行检查(图 4 - 30)。

图 4 - 30　按 Start 键，进行检查

☞ 当不平衡量小于 5 g，平衡结束。

☞ 车轮并不是一个等方矩的圆，因此需要进行 1～2 次，可平衡到 10 g 以下。

☞ 从设备上拆下车轮。

附表 3　车轮的保养与维护实训项目操作工单

一、作业安全/5S

作业前应根据项目要求，做好作业前的各项准备工作。

二、车轮拆装、动平衡测试

▶作业要求：

1. 能规范、安全地拆装车轮，修补轮胎；

2. 能正确、安全地操作动平衡机，对车轮进行动平衡测试。

▶操作步骤：

1. 正确规范拆卸车轮；

2. 清理、检测被测轮胎；

表 1　轮胎胎面花纹深度检测工单

被检测轮胎胎面位置 （自选位置）	极限值	测量值	评定
位置			

表 2　轮胎气压检测表

被检测轮胎气体	标准气压（MPa）	测量气压（MPa）	评定

3. 正确规范拆装轮胎；

4. 轮胎安装；

5. 轮胎充气、检漏；

6. 选择正确测试方法。

7. 采集、输入数据，并将数据填写在下面：

（1）轮辋边缘到测试机边缘的距离：_____mm；

（2）轮辋的直径为：_____；

（3）轮胎断面宽度为：_____。

8. 读取不平衡质量，并将测得值填写到表 3 中。

表 3　车轮不平衡质量

车轮内侧不平衡质量（g）	车轮外侧不平衡质量（g）

9. 车轮平衡的调整，并将配重情况调写到表 4 中。

表 4　车轮平衡配重

车轮内侧平衡配重质量(g)	车轮外侧平衡配重质量(g)

10. 动平衡复查。

11. 测试结束。

12. 正确规范安装车轮　轮胎螺栓拧紧力矩_____N·m

参 考 文 献

[1] 左适够. 汽车保养[M]. 北京：中国铁道出版社，2011.

[2] 2015 年全国职业院校技能竞赛中职组汽车运用与维修技能大赛竞赛规程，2015.

[3] 王柏涛. 汽车 4 万公里维护实训指导书[M]. 沈阳：沈阳出版社，2015.

[4] 彭光乔，姚博翰. 汽车保养与维护[M]. 北京：北京理工大学出版社，2015.

[5] 杜瑞丰，李忠凯. 汽车底盘构造与维修[M]. 北京：高等教育出版社，2012.